第2版

注塑制品
成型缺陷图集

蔡恒志　陈金伟　曾庆彪　编著

U0243947

化学工业出版社
· 北京 ·

内容提要

  注塑制品生产的一个常规工作是根据制品上的缺陷倒推原因，做出调整，以尽快解决问题，制造出合格产品，提高良品率。本书首先用大量图片让读者对注塑制品的常见缺陷形成初步认识，然后针对各类产品缺陷给出排查步骤和材料、工艺、设备、模具等方面的解决方法，最后分析了多级注塑、微型产品和超薄产品等典型案例。

  本书可供塑料制品加工专业人员参考，也可供塑料加工相关专业技术培训和高职高专教学使用。

图书在版编目（CIP）数据

注塑制品成型缺陷图集/蔡恒志，陈金伟，曾庆彪
编著. —2版. —北京：化学工业出版社，2020.6（2025.1重印）
ISBN 978-7-122-35937-7

Ⅰ．①注⋯　Ⅱ．①蔡⋯ ②陈⋯ ③曾⋯　Ⅲ．①注
塑-塑料成型-缺陷-图集　Ⅳ．①TQ320.66-64

中国版本图书馆CIP数据核字（2020）第080864号

责任编辑：李玉晖　　　　　　　　　　　　　　装帧设计：李子姮
责任校对：盛　琦

出版发行：化学工业出版社（北京市东城区青年湖南街13号　邮政编码100011）
印　　装：北京新华印刷有限公司
787mm×1092mm　1/16　印张5¾　字数120千字　2025年1月北京第2版第8次印刷

购书咨询：010-64518888　　　　　　　　　　售后服务：010-64518899
网　　址：http://www.cip.com.cn
凡购买本书，如有缺损质量问题，本社销售中心负责调换。

定　　价：48.00元　　　　　　　　　　　　　　版权所有　违者必究

前言

十年光阴如同白驹过隙，转眼间本书第一版自发行至今已有十个年头。十年间有很多变化发生，不变的是我们对注塑行业的热爱。我们将生产现场的注塑制品成型缺陷用图片记录下来并归类整理，这件事坚持多年，竟有了不小收获。

塑料制品的注塑成功，是通过一系列的系统工程来完成的。一件合格制品的生产，看似简单，仅需十几秒一模，但真正能通过调校并生产出合格产品，却要通过方方面面的努力。首先，塑料原料、注塑机、工艺参数、塑料模具、辅助设备这五个基本指标需要相互配合，才能将塑料原料（有上千种配方）制成满足使用要求的合格产品。其次是注塑机的操作和调校，这包括工艺参数的正确调整、多种模具结构形式的正确选用、周边设备（冷\热水机）的全面配套，其中任何一个条件没有达到预设指标，都会使塑料制品产生质量缺陷，造成生产厂家无法达到理想的生产状态。

注塑技术是一门知识面广、专业性和实践性强的加工技术。注塑工艺条件的设定与塑料的性能，塑件的结构、壁厚、大小，注塑模具的结构，注塑机的性能，流道系统及浇口的形式、大小、位置等有重大关系。如果注塑工艺条件设定得不合理，就会造成生产过程中出现料耗大、效率低及产品质量缺陷等问题，严重的会出现粘模、顶白、翘曲变形、内应力开裂、尺寸变化大、批量报废等现象。所以掌握科学合理地设定注塑工艺条件的方法，提高分析问题和处理问题的能力，对每一个注塑技术人员和相关管理人员都至关重要。实际生产中，很多注塑工作者对每个注塑工艺参数的作用，各个工艺参数之间的关系，塑料性能、注塑产品结构、注塑模具、浇注系统与注塑工艺的关系，多段射胶的速度、位置的选择方法还不清楚，导致盲目调机时间长、原料浪费大、生产成本高、产品质量不稳定等不良现象出现。

为解决上述问题，本书收集了十多年以来塑料产品生产过程中各种问题及其解决方案。读者可查看缺陷图片来学习，边干边学边掌握，逐步了解、掌握制品常见缺陷的情况，在实际工作中验证和提高。本次修订增加了新材料、新技术、新产品的内容，并提高了图片的清晰度，让读者们可以更清楚、更直观地看到产品相关信息，方便读者学习和参考。

热塑性注塑产品的表面缺陷在整件产品质量缺陷中扮演着十分重要的角色。很多时候，即使是业内行家，要洞悉问题的根源及采取相应的措施都经常遇到一定的困难。本书编写的目的是为读者提供实际技术问题的分析指导，提供产品设计的指引，帮助注塑行业人士提升产品质量进而增强产品在市场上的竞争力。

本次修订得到广东省塑料工业协会、深圳市高分子协会、力劲科技集团的大力支持，特别表示感谢。同时也要感谢广东轻工职业技术学院的同学们及其他所有参与本书修订工作的各位同仁的大力支持。因编者水平有限，不妥之处请读者不吝批评。

编者

2020 年 4 月

目录

第四章
注塑制品案例分析　　/062

第一章　注塑制品缺陷图例

一、凹痕

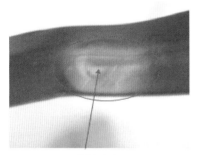

图1-1-1

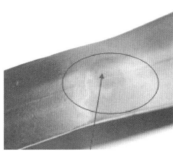

图1-1-2

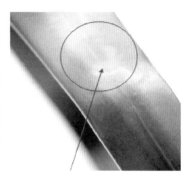

图1-1-3

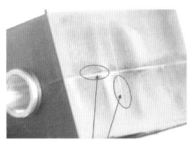

图1-1-4

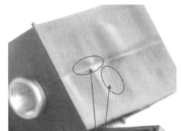

图1-1-5

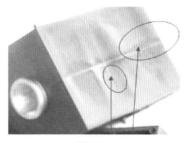

图1-1-6

图1-1-7

图1-1-8

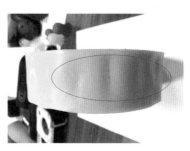

图1-1-9

图1-1-10

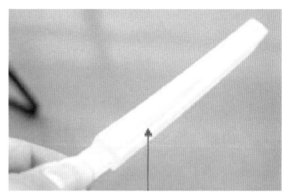

图1-1-11

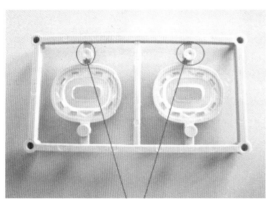

图1-1-12

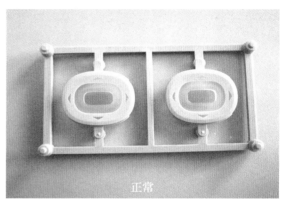

正常

图1-1-13

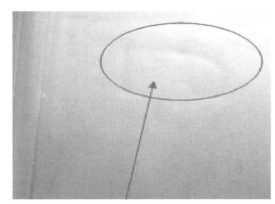

图1-1-14

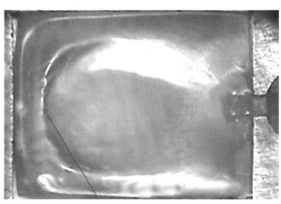

图1-1-15

二、表层脱皮

图1-2-1

图1-2-2

图1-2-3

三、玻璃纤维痕

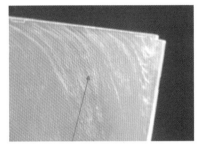

图1-3-1

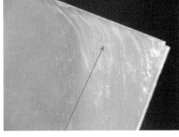

图1-3-2

图1-3-3

图1-3-4

图1-3-5

图1-3-6

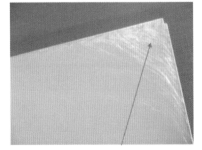

图1-3-7

图1-3-8

图1-3-9

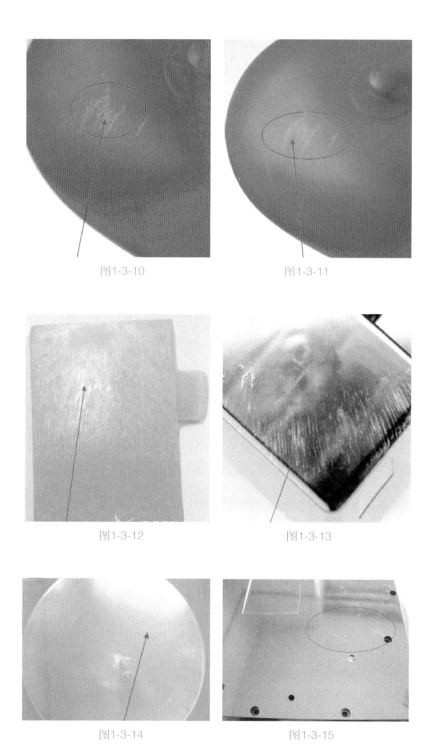

图1-3-10

图1-3-11

图1-3-12

图1-3-13

图1-3-14

图1-3-15

图1-3-16

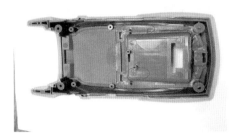

图1-3-17

四、超注

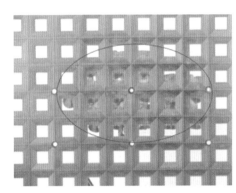

图1-4-1

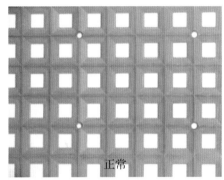

正常

图1-4-2

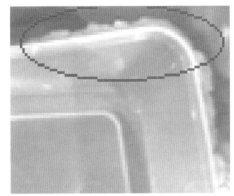

图1-4-3

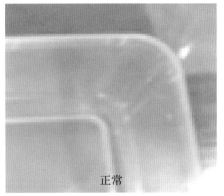

正常

图1-4-4

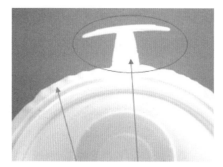
图1-4-5

正常

图1-4-6

图1-4-7

正常

图1-4-8

图1-4-9

正常

图1-4-10

图1-4-11

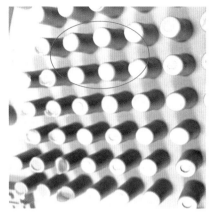

图1-4-12

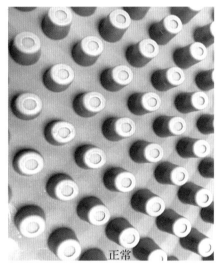

正常

图1-4-13

图1-4-14

图1-4-15

图1-4-16

五、顶针痕

图1-5-1

图1-5-2

图1-5-3

图1-5-4

图1-5-5

图1-5-6

图1-5-7

六、黑点

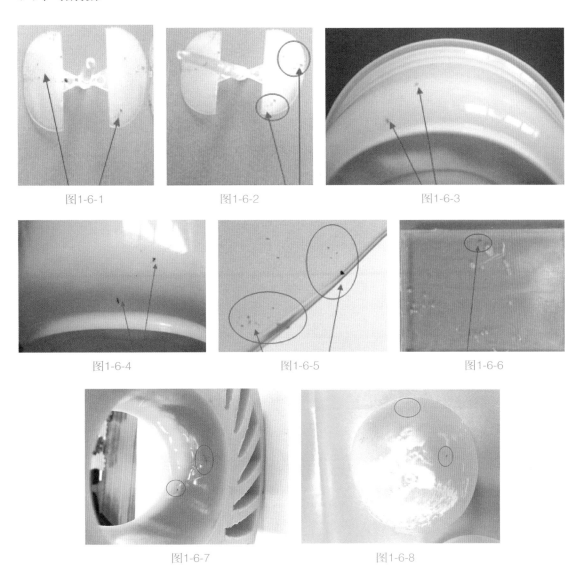

图1-6-1

图1-6-2

图1-6-3

图1-6-4

图1-6-5

图1-6-6

图1-6-7

图1-6-8

七、冷胶

图1-7-1

图1-7-2

图1-7-3

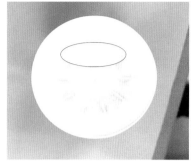

图1-7-4

图1-7-5

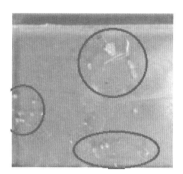

图1-7-6

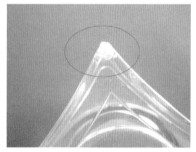

图1-7-7

正常

图1-7-8

图1-7-9

八、扭曲

图1-8-1

图1-8-2

图1-8-3

图1-8-4

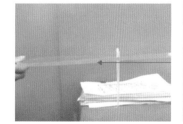

图1-8-5

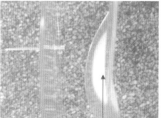

图1-8-6

图1-8-7

图1-8-8

图1-8-9

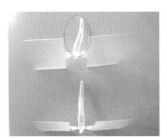

图1-8-10

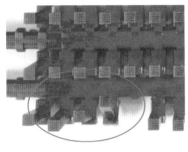

图1-8-11

图1-8-12

九、喷射纹

图1-9-1

图1-9-2

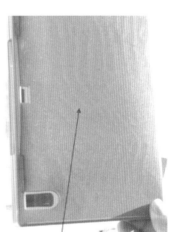

图1-9-3

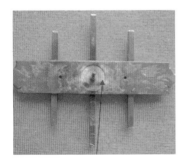

图1-9-4

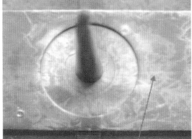

图1-9-5

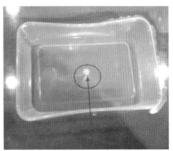

图1-9-6

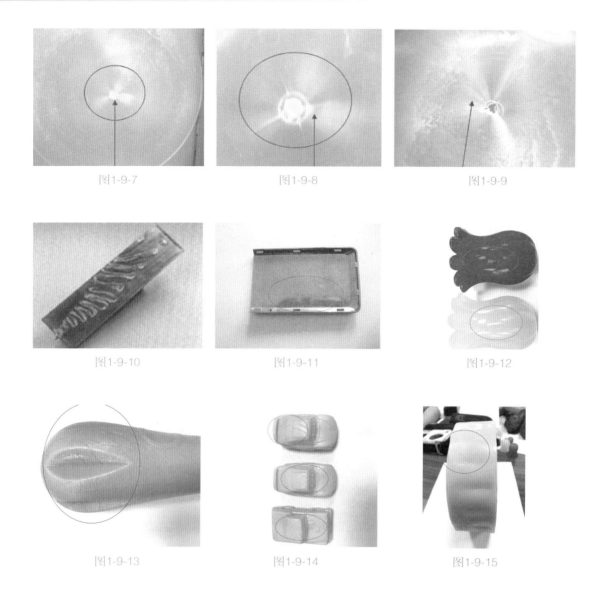

图1-9-7 　　　　　　　　　 图1-9-8 　　　　　　　　　 图1-9-9

图1-9-10 　　　　　　　　 图1-9-11 　　　　　　　　 图1-9-12

图1-9-13 　　　　　　　　 图1-9-14 　　　　　　　　 图1-9-15

十、气痕

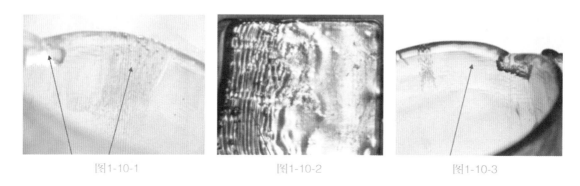

图1-10-1 　　　　　　　　 图1-10-2 　　　　　　　　 图1-10-3

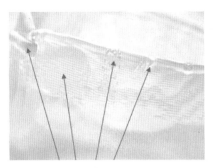

图1-10-4   图1-10-5

十一、气体困着

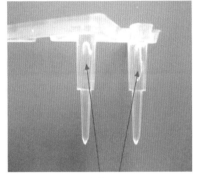

图1-11-1

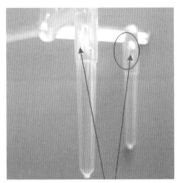

图1-11-2

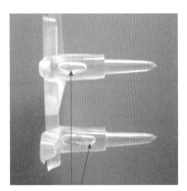

图1-11-3

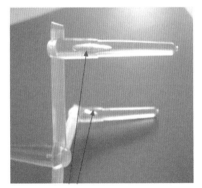

图1-11-4

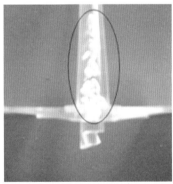

图1-11-5

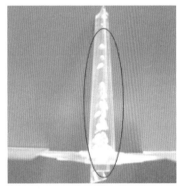

图1-11-6

图1-11-7

图1-11-8

图1-11-9

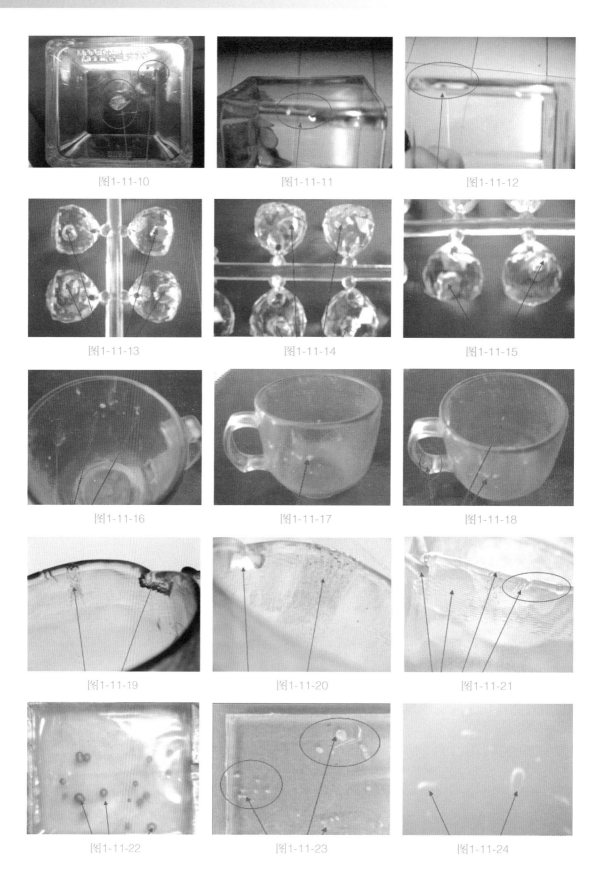

图1-11-10

图1-11-11

图1-11-12

图1-11-13

图1-11-14

图1-11-15

图1-11-16

图1-11-17

图1-11-18

图1-11-19

图1-11-20

图1-11-21

图1-11-22

图1-11-23

图1-11-24

图1-11-25

图1-11-26

图1-11-27

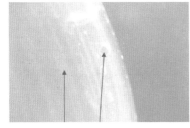

图1-11-28

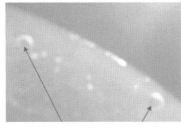

图1-11-29

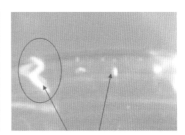

图1-11-30

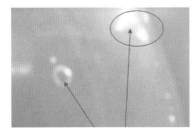

图1-11-31

图1-11-32

图1-11-33

十二、填充不足

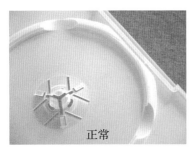

图1-12-1

图1-12-2

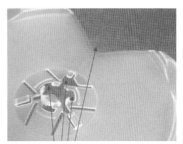

图1-12-3

图1-12-4

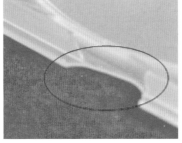

图1-12-5

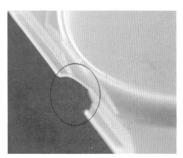

图1-12-6

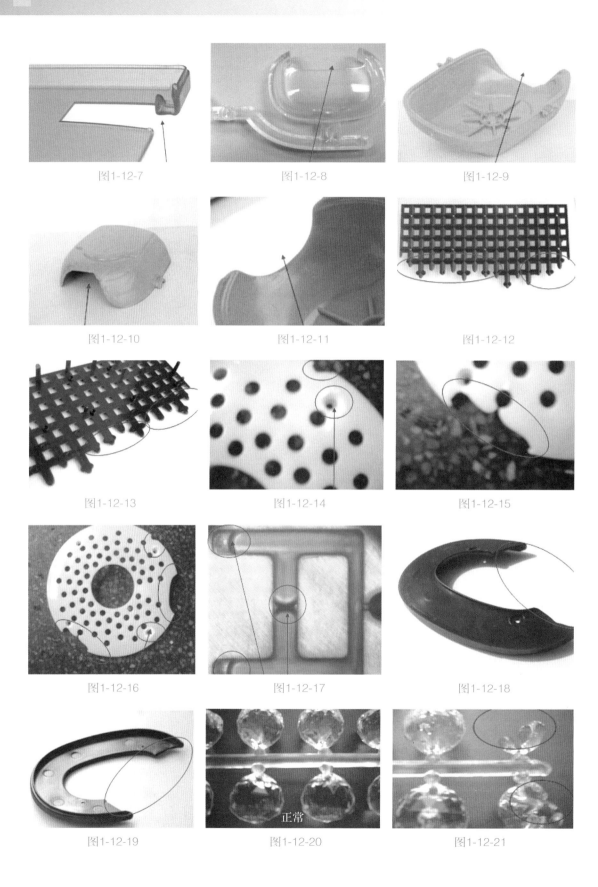

图1-12-7

图1-12-8

图1-12-9

图1-12-10

图1-12-11

图1-12-12

图1-12-13

图1-12-14

图1-12-15

图1-12-16

图1-12-17

图1-12-18

图1-12-19

正常

图1-12-20

图1-12-21

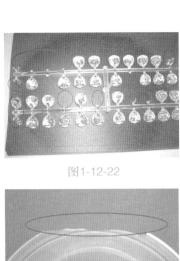

图1-12-22

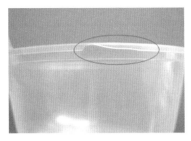

图1-12-23

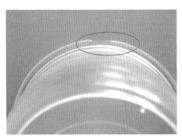

图1-12-24

图1-12-25

图1-12-26

图1-12-27

图1-12-28

图1-12-29

图1-12-30

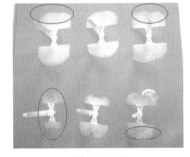

图1-12-31

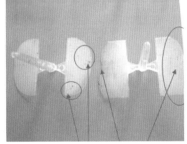

图1-12-32

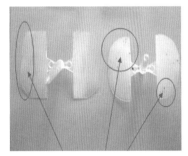

图1-12-33

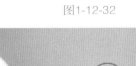

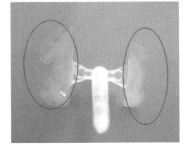

图1-12-34

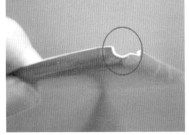

图1-12-35

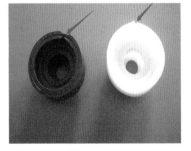

图1-12-36

图1-12-37

图1-12-38

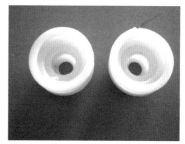

图1-12-39

图1-12-40

图1-12-41

图1-12-42

图1-12-43

十三、熔合线

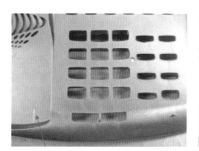

图1-13-1

图1-13-2

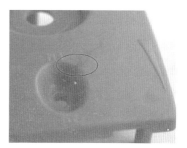

图1-13-3

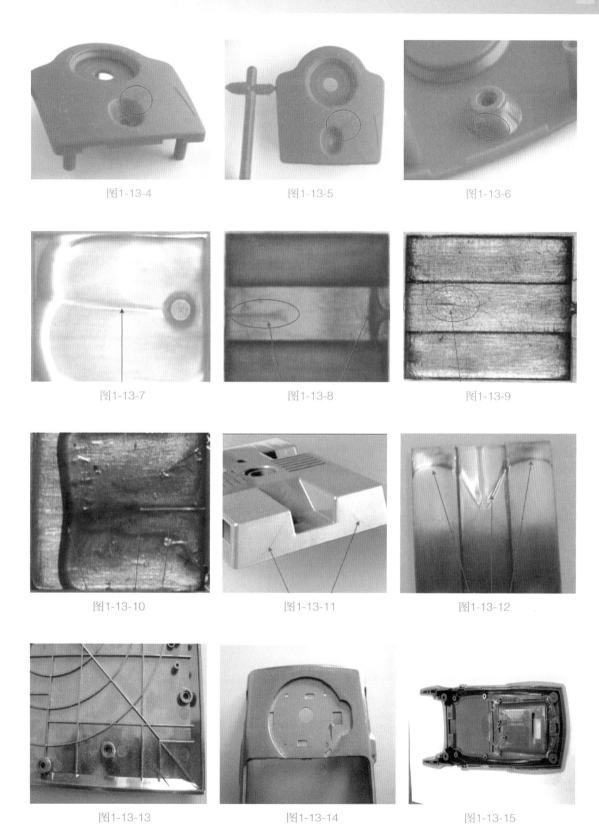

图1-13-4

图1-13-5

图1-13-6

图1-13-7

图1-13-8

图1-13-9

图1-13-10

图1-13-11

图1-13-12

图1-13-13

图1-13-14

图1-13-15

图1-13-16

图1-13-17

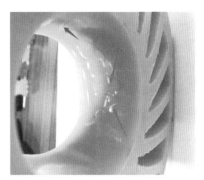

图1-13-18

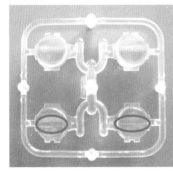

图1-13-19

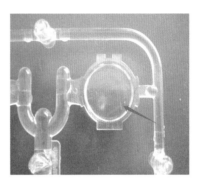

图1-13-20

十四、色差痕

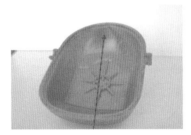

图1-14-1

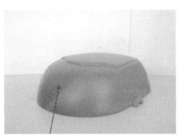

图1-14-2

图1-14-3

图1-14-4

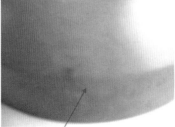

图1-14-5

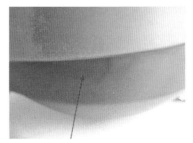

图1-14-6

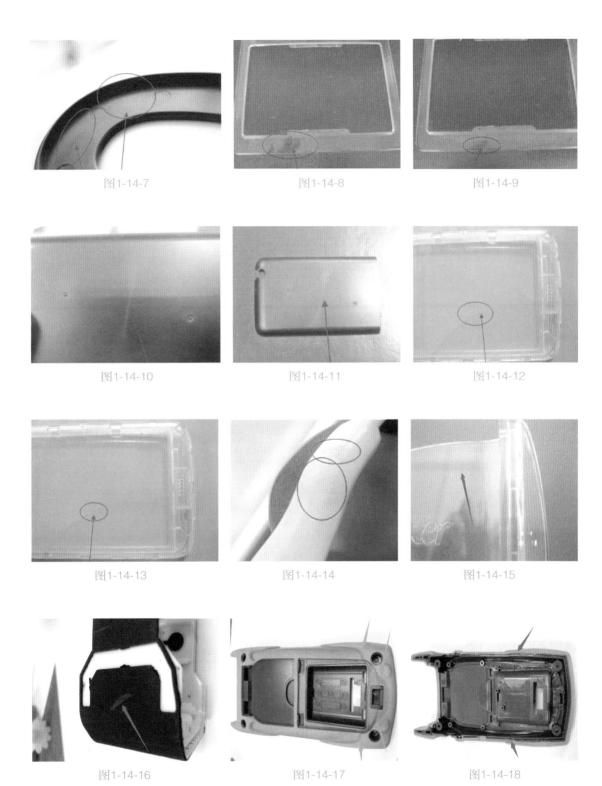

图1-14-7

图1-14-8

图1-14-9

图1-14-10

图1-14-11

图1-14-12

图1-14-13

图1-14-14

图1-14-15

图1-14-16

图1-14-17

图1-14-18

十五、烧焦痕

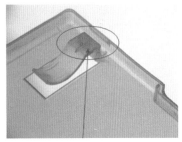

图1-15-1

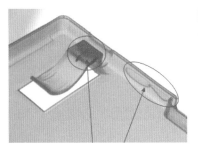

图1-15-2

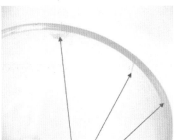

图1-15-3

图1-15-4

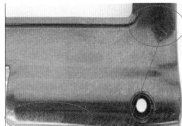

图1-15-5

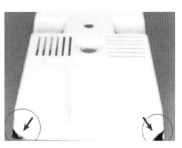

图1-15-6

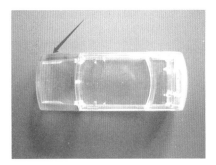

图1-15-7

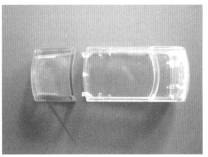

图1-15-8

十六、湿气痕

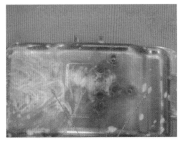

图1-16-1

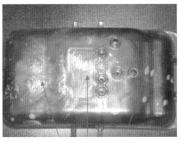

图1-16-2

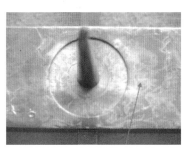

图1-16-3

图1-16-4

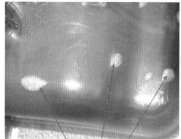

图1-16-5

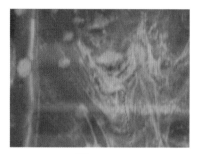

图1-16-6

图1-16-7

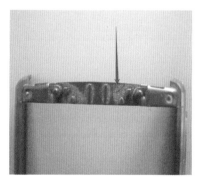

图1-16-8

图1-16-9

图1-16-10

图1-16-11

十七、脱模变形

图1-17-1

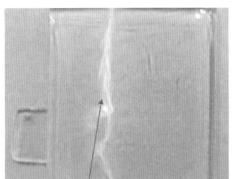

图1-17-2

正常

图1-17-3

正常

图1-17-4

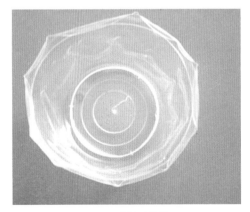

图1-17-5

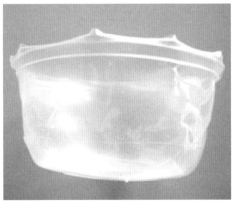

图1-17-6

十八、应力开裂

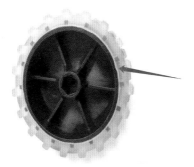

图1-18-1

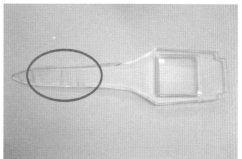

图1-18-2

图1-18-3

图1-18-4

第二章 注塑制品缺陷成因及排查步骤

一、凹痕

1 缺陷特征及判定依据

凹痕多数出现在物料聚积的部位，是注塑件失压未能补偿而引致的塑料收缩痕。

2 缺陷形成的原理

在塑料的冷却过程中，热效应导致塑料自然收缩，如果这些收缩未能得到及时的补偿，在塑件的一些部位就会出现收缩痕（凹痕）。由于冷却不足，塑件表面在还未稳定的情况下被冷却时产生的内应力向内拉。

3 缺陷的可能成因

导致该缺陷的三个基本原因是：

1）凝固速度太慢。

2）有效的保压时间太短。

3）由于在模腔内流动的熔融料受到极大的阻力，或者注塑部件位置和浇口系统太狭窄，没有足够的保压压力传到模腔的某些部分。

特别提示 //

为了要优化保压的传送效果，注塑件的浇口应尽量设在注塑件的最大横截面上。如果不这样做可在浇口和熔融料积聚位置开设一条流料加速槽，以保证保压压力的传送。要避免浇口和系统内的流料过早固化，浇口不能过小。当消除了凹痕后，必须要检查注塑件内是否有空隙。

---

4 缺陷排查步骤

凹痕缺陷排查步骤见图 2-1-1。

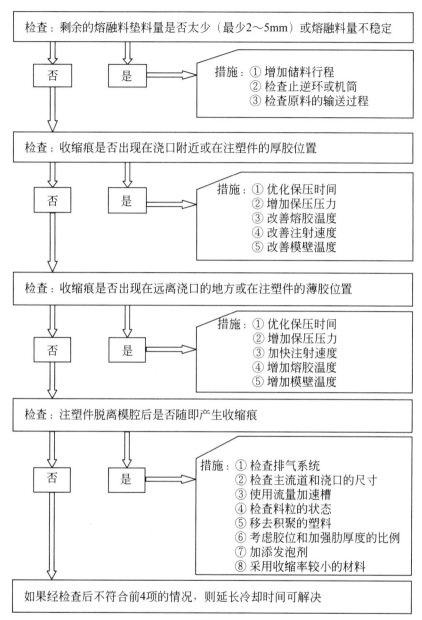

检查：剩余的熔融料垫料量是否太少（最少2~5mm）或熔融料量不稳定

否　　是　→　措施：① 增加储料行程
　　　　　　　　　② 检查止逆环或机筒
　　　　　　　　　③ 检查原料的输送过程

检查：收缩痕是否出现在浇口附近或在注塑件的厚胶位置

否　　是　→　措施：① 优化保压时间
　　　　　　　　　② 增加保压压力
　　　　　　　　　③ 改善熔胶温度
　　　　　　　　　④ 改善注射速度
　　　　　　　　　⑤ 改善模壁温度

检查：收缩痕是否出现在远离浇口的地方或在注塑件的薄胶位置

否　　是　→　措施：① 优化保压时间
　　　　　　　　　② 增加保压压力
　　　　　　　　　③ 加快注射速度
　　　　　　　　　④ 增加熔胶温度
　　　　　　　　　⑤ 增加模壁温度

检查：注塑件脱离模腔后是否随即产生收缩痕

否　　是　→　措施：① 检查排气系统
　　　　　　　　　② 检查主流道和浇口的尺寸
　　　　　　　　　③ 使用流量加速槽
　　　　　　　　　④ 检查料粒的状态
　　　　　　　　　⑤ 移去积聚的塑料
　　　　　　　　　⑥ 考虑胶位和加强肋厚度的比例
　　　　　　　　　⑦ 加添发泡剂
　　　　　　　　　⑧ 采用收缩率较小的材料

如果经检查后不符合前4项的情况，则延长冷却时间可解决

图2-1-1

二、斑痕

斑痕可分烧焦痕、湿气痕、气痕、色差痕、玻璃纤维痕等，各种类看来极为相似，单用肉眼来分辨是十分困难的，工程师需要取得注塑件的所有有关资料，并加上环境因素的影响来评估斑痕种类。

（一）烧焦痕

1 缺陷特征及判定依据

1）此斑痕是周期性产生。

2）斑痕发生在狭窄截面之后（剪切点，例如浇口系统）或是在模具锐角之上。

3）注射的熔胶温度接近塑料温度上限。

4）降低注射速度、熔胶温度会减少缺陷。

2 缺陷形成的原理及可能成因

1）熔融料因热效应破坏而产生烧焦痕，热效应破坏可把塑料分子链变短（形成银色痕）或改变宏观的分子结构（形成棕色痕）。

2）熔融料在塑化系统内或螺杆前的滞留时间过长，例如周期停顿或注料量太小；塑料停留在烘料斗内太长时间。

3）模具使用热流道或是配合有止流的射嘴。

4）熔融料在模腔内所受的剪切力过大（例如注射速度太快），塑化系统内的剪切力太大（例如螺杆转速太高）。

3 缺陷排查步骤

烧焦痕缺陷排查步骤见图 2-2-1。

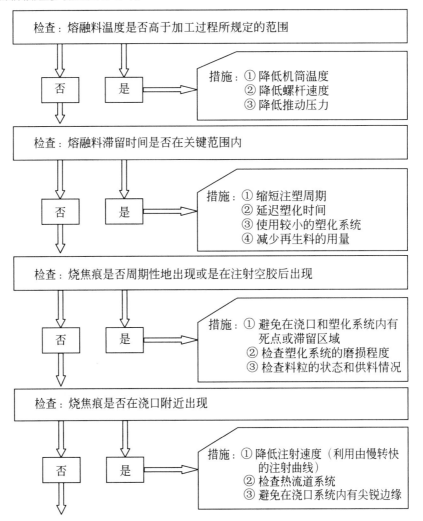

如非以上情况，则可采取以下措施：

① 降低注射速度
② 避免有尖锐边缘
③ 避免流道太小
④ 检查模具注流道和浇口系统
⑤ 检查射嘴的横截面部分和温度
⑥ 检查止流阀的功能
⑦ 检查料粒的烘干情况，时间太长或太热的烘料工序会使料粒受热效应破坏
⑧ 减少再生料的用量
⑨ 使用能抵受高温的塑料或着色剂

图2-2-1

（二）湿气痕

1 缺陷特征及判定依据

湿气痕是指出现在注塑件上的 U 形曲线，其开口方向与射流方向相同。许多案例中在银色痕迹周边的表面有气泡、表面粗糙。湿气痕是由模壁上冷凝的水汽形成，牵涉范围广泛。

2 缺陷形成的原理

料粒在储存或注塑过程中吸入了空气中的水分，当料粒熔化时，这些水分便变为水蒸气泡。由于熔融料的流动，波峰表面与中心部分速度有差异，使这些气泡因为补偿压力而爆破，随之被熔融料的流动波峰压至变形，并在模壁上固化。

3 缺陷的可能成因

1）模具的温度控制系统泄漏。

2）水滴凝聚在模壁上。

3）物料的烘干程度不够。

4）不适当地储存料粒。

5）注塑机上的法兰接口温度太低。

4 缺陷排查步骤

湿气痕缺陷排查步骤见图 2-2-2。

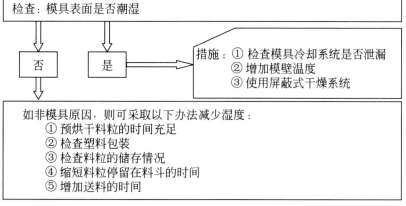

图2-2-2

（三）气痕

1 缺陷特征及判定依据

大部分气痕以消光斑、银色或白色的痕迹出现在凹位、加强肋和厚薄胶位变化大的位置上。近浇口处起点会出现层状痕迹，而字标或凹陷处也会有气痕出现。

2 缺陷形成的原理及可能成因

熔融料在填充腔时，因气体未能及时被排走，反而沿着流动方向被拖压在注塑件的表面上。特别在字标、加强肋骨、圆半球体和凹陷部位，气体会被翻越过前面的熔融料困住，形成气痕。

3 缺陷排查步骤

气痕缺陷排查步骤见图 2-2-3。

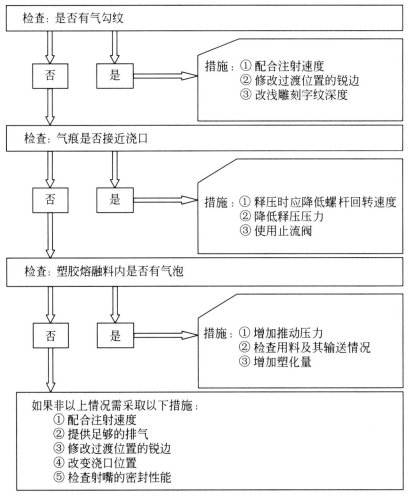

图2-2-3

（四）色差痕

1 缺陷特征及判定依据

色差痕是由于部件着色分布不均或是着色剂的排列与熔融料流动方向不同而引起。

2 缺陷形成的原理

在着色过程中，由于色母粒结成块状而导致混合不均匀，造成不良的颜色分布，便形成色差痕。

3 缺陷的可能成因

1）如在工地现场进行混色，色差痕往往因染色料不能完全与料粒熔合而产生。

2）与热塑性塑料相似，色母粒和染色粉均对过高的加工温度和过久的滞留时间极为敏感。如果热效应破坏是色差痕的成因，处理的方法与烧焦痕一样。

3）注塑件里过大的应力，例如因过大的脱模力或扭曲变形而引起的应力，也会引起颜色差异。因为在变形的地方，光线的情况会跟其他地方不同，造成视觉上的差别。

4）在预着色配料方面，成分均匀问题也会造成色差。

4 缺陷排查步骤

色差痕缺陷排查步骤见图 2-2-4。

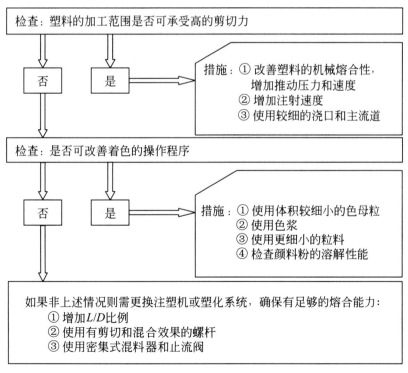

图2-2-4

（五）玻璃纤维痕

1　缺陷特征及判定依据

当使用玻璃纤维培育强化料时有时会出现消光面痕和粗糙表面，有如金属般反光的玻璃纤维在注塑件表面上出现而形成斑痕。

2　缺陷形成的原理及可能成因

因为玻璃纤维的形状细长，它们在注塑过程中的排列方向会受到射胶流向影响，与胶料流向一致。假如熔融料在接触模壁时突然固化，部分的玻璃纤维将不能被封住。

另外，塑件表面会因玻璃纤维与塑料收缩率的极大反差（纤维与塑料的收缩比是 1∶200）而变得粗糙。由于玻璃纤维会阻碍塑料在冷却时的收缩，尤其是在纤维经线方向上，这样导致注塑件表面凹凸不平。

3　缺陷排查步骤

玻璃纤维痕缺陷排查步骤见图 2-2-5。

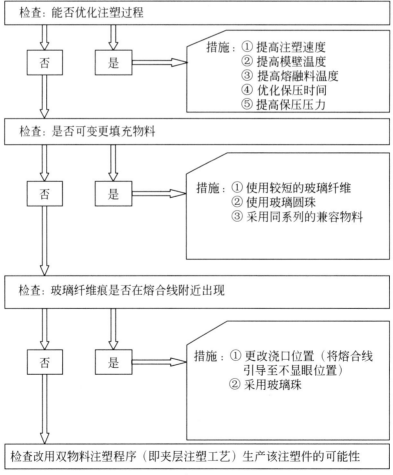

图2-2-5

三、困气、缩孔

（一）困气

1 缺陷特征及判定依据

1）气泡在注塑件内清晰可见。

2）困气情况在模壁附近也常出现。

3）若不采用释压，困气情况有所改善。

4）改变保压压力和保压时间对气泡的大小没有多大影响。

2 缺陷形成的原理

在注塑过程中，气体被困在熔融料内，并造成注塑件中存在气泡或注塑件弯曲变形。

3 缺陷的可能成因

导致上述缺陷的主要因素有下列三个：

1）释压过多或太快。

2）推动压力不足够。

3）注塑模内的排气问题。

在释压过多或太快的情况下，空气因受到负压的影响，会被倒吸入螺杆的前端，而这些空气有可能在注塑过程中被困于熔融料中。在塑化过程中失去压力，会在螺杆形成压力差异，在螺杆前端空间的压力较高，而压力会往料斗方向逐渐降低。因为有压力差别，塑化时吸入的空气会朝向送料系统的方向释出。假如压力差异不大，塑化时吸入的空气便会传送到螺杆的前端，然后被注射入模腔内。如模具的排气不足，空气可能被困在熔融料中，特别是肋骨或盲孔等位置。

4 缺陷排查步骤

困气缺陷排查步骤见图 2-3-1。

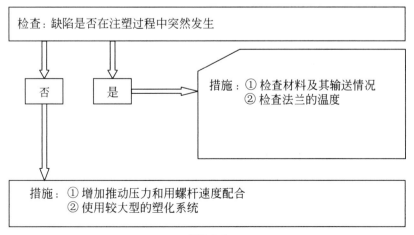

图2-3-1

（二）缩孔（空穴）

1 缺陷特征及判定依据

1）通常在壁厚或物料积聚的部位附近出现。

2）改变保压压力和保压时间会影响空穴的大小。

3）通常在保压阶段中出现。

2 缺陷形成的原理

空穴是排空了腔洞（模腔内）后，塑料冷凝收缩受到气流阻碍而产生的。

3 缺陷的可能成因

1）如塑料在冷却的过程中，物料因热效应的收缩（收缩量）不能够得到补偿的时候，便会在相应的部位上形成空穴。

2）假如该部位的外壁因快速冷却或形状的关系而变得巩固，它们便不能被注塑件内因冷却产生的应力往内拉。但该冷却应力却有可能将注塑件内未完全冷凝的部分撕开，产生真空状态的空腔。

3）要将保压压力传递得宜，注塑件的浇口一定要设计在横截面积最大的部位。如不可能的话，可以在浇口与储料位之间使用流量加快槽，以改善保压压力的传送。要防止浇口与主流道有过早凝固的现象，必须要有足够的流动面积。

4 缺陷排查步骤

缩孔（空穴）缺陷排查步骤见图 2-3-2。

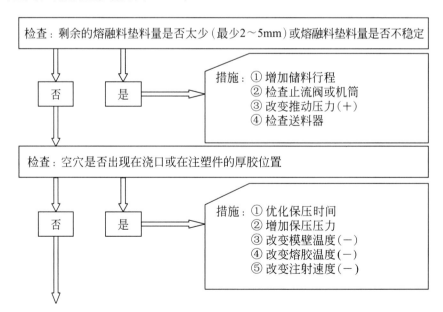

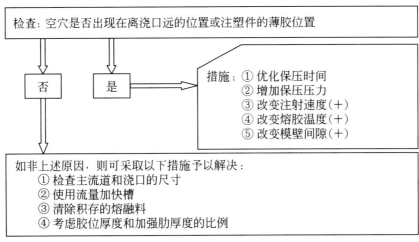

检查：空穴是否出现在离浇口远的位置或注塑件的薄胶位置

否　　　　是　　　　措施：① 优化保压时间
　　　　　　　　　　　　　　② 增加保压压力
　　　　　　　　　　　　　　③ 改变注射速度（＋）
　　　　　　　　　　　　　　④ 改变熔胶温度（＋）
　　　　　　　　　　　　　　⑤ 改变模壁间隙（＋）

如非上述原因，则可采取以下措施予以解决：
　　① 检查主流道和浇口的尺寸
　　② 使用流量加快槽
　　③ 清除积存的熔融料
　　④ 考虑胶位厚度和加强肋厚度的比例

图2-3-2

四、熔合线

1 缺陷特征及判定依据

在大多数的案例上，熔合线是注塑件的光学性能和机械强度较为薄弱的位置。熔合线上可能出现缺口或是变色的现象。缺口特别在深色或光滑透明的注塑件或抛光亮度高的注塑件上更为明显。变色的现象则在使用金属色母粒时特别容易显现。

2 缺陷形成的原理

当两条或更多的熔流相遇时，便会形成熔合线。当遇上其他熔流时，呈弧形的流动波峰会被压平及与其他熔流黏合在一起。在这过程中，高黏度的流动波峰会被拉伸。

3 缺陷的可能成因

假如熔流接合位置的温度和压力不够，熔流前端的边角位置便出现填充困难。在平滑的表面，可清楚看见沿着熔合线的缺口；而在结构性表面，则会在熔合线边缘出现光泽差别。此外，因熔流的接合位置不是单相熔合，所以会导致脆弱点的形成。如使用含有添加剂（如色母）的塑料，添加剂会因流向而在熔合线附近整齐排列，导致熔合线附近的颜色偏差更明显。

4 缺陷排查步骤

熔合线缺陷排查步骤见图 2-4-1。

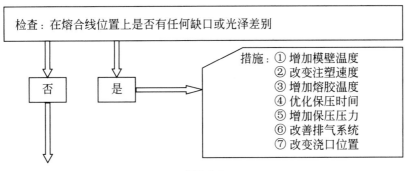

检查：在熔合线位置上是否有任何缺口或光泽差别

否　　　　是　　　　措施：① 增加模壁温度
　　　　　　　　　　　　　　② 改变注塑速度
　　　　　　　　　　　　　　③ 增加熔胶温度
　　　　　　　　　　　　　　④ 优化保压时间
　　　　　　　　　　　　　　⑤ 增加保压压力
　　　　　　　　　　　　　　⑥ 改善排气系统
　　　　　　　　　　　　　　⑦ 改变浇口位置

图2-4-1

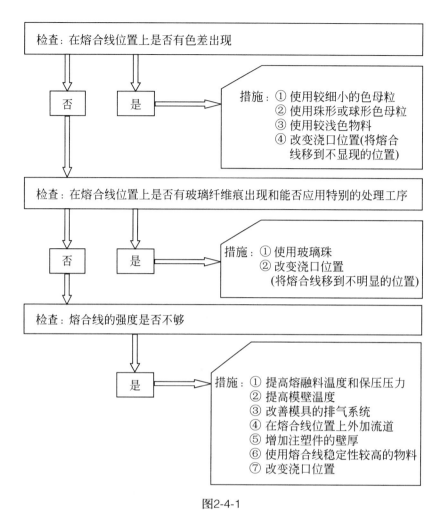

图2-4-1

为防止熔合线缺口的形成，模壁温度必须提高至塑料软化或结晶温度的范围内。这样要将模壁温度提升 30℃以上，从经济的角度上看来是不可能的。

有规律的温度控制容许以经济效益最佳的方法消减光亮极高的注塑件上的熔合线缺口。使用独立的温度控制，可选择性地控制熔合线四周的温度，使熔合线缺口可以完全平合。短暂加温可以避免增加模具周边的温度，也避免延长冷却时间。但当遇上一些结构性平面（色差危区）的时候，这种处理方法并非经常奏效。

缺陷的解决取决于附加的独立温度控制的位置和提升温度的时间。对某非结晶塑料如 ABS、PS、PMMA 和 PC 会达到特别理想的效果。

五、光泽不良、光泽差别

1 缺陷特征及判定依据

评估注塑件的光泽时，可分辨出两种缺陷，就是注塑件上光亮度过高或不足，注塑件表面上的光亮度有差别。光泽有差别常出现于厚薄胶位变化大的位置上。

2 缺陷形成的原理

注塑件的表面于光线下的反射度直接反映出它的光亮度。光线在投射到注塑件的表面后，会改变方向（反射）。注塑件的表面越平滑，所反射的光线的散射角度便会越小，而越粗糙的表面，散射角度就会越大。当注塑件的表面越平滑，其光亮度越高。要达到这样的效果，抛光后的模壁必须要有清晰的投影，而有蚀纹的模壁却不需要。

3 缺陷的可能成因

光亮度不均的现象是由于熔融料接触到冷却系统不平均的模壁和注塑件收缩不一致所引起的。冷却后注塑件因扭曲变形而伸长，光亮度不平均的情况也会出现。

4 缺陷排查步骤

光泽不良、光泽差别缺陷排查步骤见图 2-5-1。

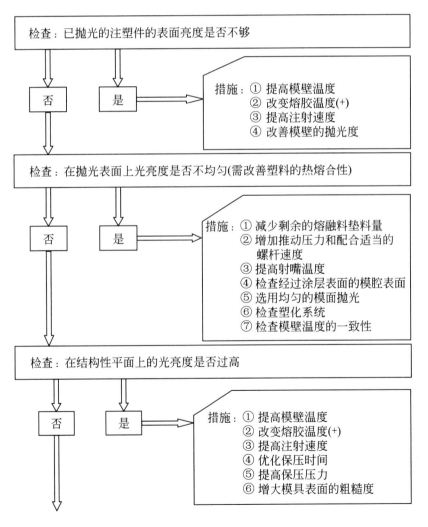

图2-5-1

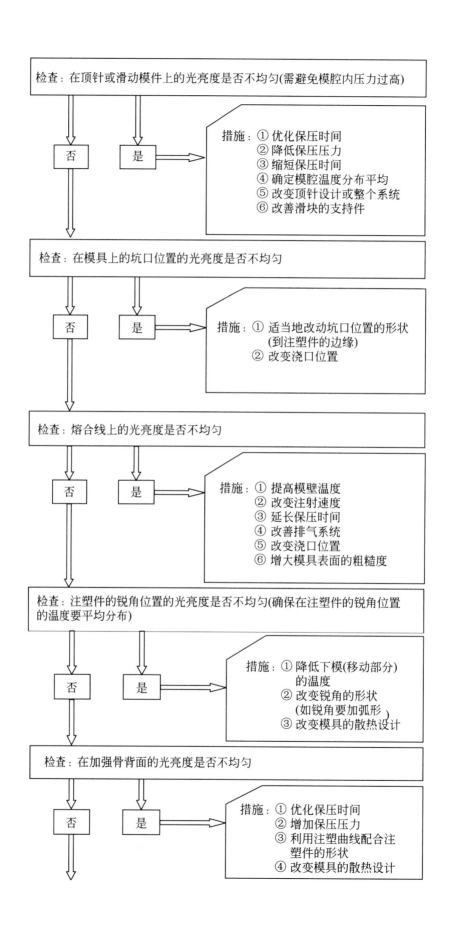

检查：在顶针或滑动模件上的光亮度是否不均匀(需避免模腔内压力过高)

否　是 → 措施：① 优化保压时间
　　　　　　② 降低保压压力
　　　　　　③ 缩短保压时间
　　　　　　④ 确定模腔温度分布平均
　　　　　　⑤ 改变顶针设计或整个系统
　　　　　　⑥ 改善滑块的支持件

检查：在模具上的坑口位置的光亮度是否不均匀

否　是 → 措施：① 适当地改动坑口位置的形状
　　　　　　　(到注塑件的边缘)
　　　　　② 改变浇口位置

检查：熔合线上的光亮度是否不均匀

否　是 → 措施：① 提高模壁温度
　　　　　　② 改变注射速度
　　　　　　③ 延长保压时间
　　　　　　④ 改善排气系统
　　　　　　⑤ 改变浇口位置
　　　　　　⑥ 增大模具表面的粗糙度

检查：注塑件的锐角位置的光亮度是否不均匀(确保在注塑件的锐角位置的温度要平均分布)

否　是 → 措施：① 降低下模(移动部分)
　　　　　　　的温度
　　　　　② 改变锐角的形状
　　　　　　(如锐角要加弧形)
　　　　　③ 改变模具的散热设计

检查：在加强骨背面的光亮度是否不均匀

否　是 → 措施：① 优化保压时间
　　　　　　② 增加保压压力
　　　　　　③ 利用注塑曲线配合注
　　　　　　　塑件的形状
　　　　　　④ 改变模具的散热设计

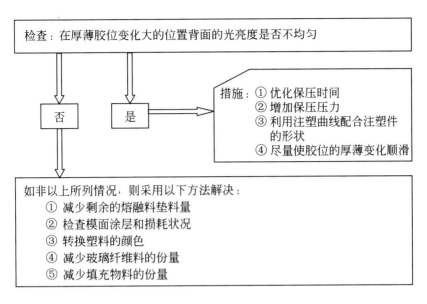

图2-5-1

六、填充不足

1 缺陷特征及判定依据

注塑材料不能完全填满整个模腔，又称为欠注，这类缺陷通常在远离浇口位置上出现，如流道过长或出现在薄壁附近（如肋骨）。如果模具的排气不佳，该缺陷也经常发生在其他位置上。

2 缺陷形成的原理

假如同一时间熔融料能流进较厚胶位，在接近浇口的薄壁胶位便会产生冷凝效果。熔融料会在薄壁而又有流动不良的现象的部位凝固，并会阻碍注塑件的填充过程。不良的排气会加速这个缺陷的形成。

3 缺陷的可能成因

以下几个自然成因使注塑件出现欠注现象：

1）注射的塑料量太少。

2）熔融料的流动因排气问题受到阻碍。

3）注塑机注射压力、注射速度不足。

4）在流道截面内的熔融料过早凝固（如因注射速度太低、模具温度控制不当或浇口位置错误）。

4 缺陷排查步骤

填充不足缺陷排查步骤见图2-6-1。

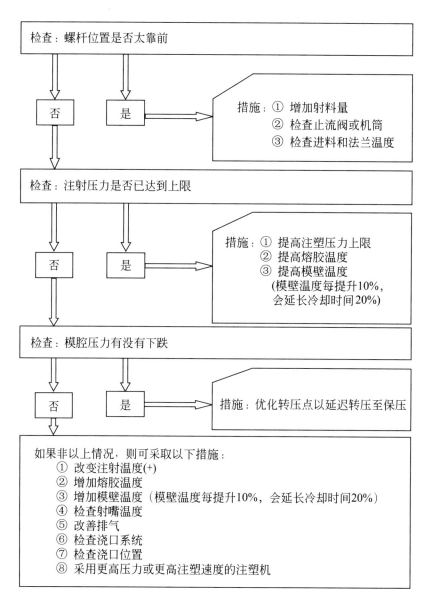

图2-6-1

七、飞边（毛刺、披锋）

1 缺陷特征及判定依据

飞边（又称毛刺、披锋）常常产生在近模具的分模线上、封胶平面、排气或顶针位置。飞边看似从注塑件边飞出薄胶膜，细薄的飞边不太明显，但大面积较厚的飞边会从注塑件边缘溢出数厘米。

2 缺陷形成的原理及可能成因

1）超出容许的间隙宽度，模具不够牢固、制造时公差过大或是封胶位置已受损。

2）注塑机的锁模压力太低或太高，开模力比锁模力更大，使模具不能保持开合，或锁模压力过大使模具变形。

3）模腔内压力过高，注塑成型的压力过高，使热熔融料被推进细薄的间隙里从而形成飞边。

4）塑料的黏度不够，模腔内的压力过高而熔融料的流动阻力小，容易产生飞边。

3 缺陷排查步骤

飞边缺陷排查步骤见图 2-7-1。

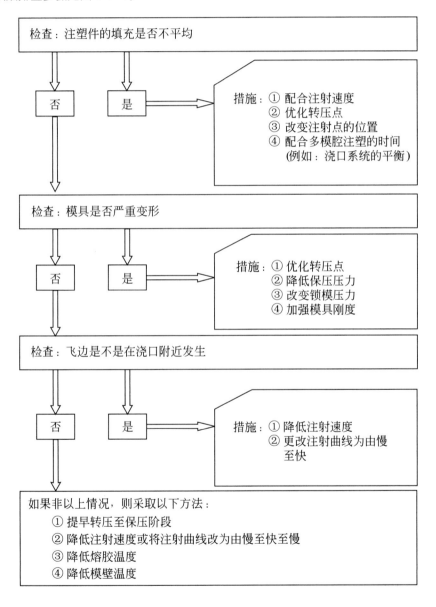

图2-7-1

八、脱模变形

1 缺陷特征及判定依据

脱模变形可分为裂痕、折断、拖拉出胶料和顶针陷入或顶穿，特别常见的地方是在脱模时未采用滑动镶件（如滑块）的有倒扣的位置。

2 缺陷形成的原理及可能成因

脱模变形的原因可分类如下：

1）注塑件所需的脱模力在脱模的同时足以破坏注塑件。

2）脱模的动作受到阻碍（例如注塑件在模内滑动时）。

脱模力的大小对于上述两种成因都有重要的影响，并且应以尽量保持最低为基准。影响脱模力的一个主要因素是注塑件的收缩，注塑件的收缩和脱模力均受多种不同的注塑参数所影响。除此以外，注塑件的几何形状也是一个重要的影响因素。

通常套筒式或盒形产品需要较低的收缩率，因为这类型的注塑件是往模芯内模方向收缩的。近加强肋附近的塑料需要较大的收缩率，因为这样可使加强肋与模壁分离，从而减小脱模力。

当注塑件在残余压力下脱模时，注塑件的内面受压缩应力影响，同时注塑件的表面则受拉伸应力影响，这些拉伸应力可造成应力龟裂和变形。在模腔内的压力是可以影响整套模具的，它最后也会令模具产生变形。在这种应力下，模腔体积会增大。假如注塑件在这个扩大了体积的模腔内凝固，而其收缩率不足以抵消模腔的变形，变了形的模具部位便不会有回弹，使注塑件紧压在模腔内。

脱模变形是因残留的压力在注塑件内建立，并在脱模期间突然被释放出来，导致注塑件不能够顺利脱模。在一些有倒扣的例子中，脱模是利用强制方法的，所以注塑件必须有足够弹力来超越这个倒扣位置的阻力。为了避免任何的变形，产品的延展性要在容许的数值范围以内。总而言之，所有属易延展的塑料比硬脆的更为适合强制脱模。

在一些案例里，就算是有较大倒扣的注塑件，脱模变形情况也可能用增加推杆速度而得到改善。高质量的注塑件表面通常可减少所需的脱模力，这是因为注塑件表面的微细凹痕较少。但是，某些塑料如 PP、PC 或 TPU，镜面能级的光滑度会增加所需的脱模力。

从实际经验所得，一些塑料会紧粘在钢材上，造成脱模问题。倾向黏附性的塑料包括 TPE-U、PUR 和 SEBS，这些物料太多时会形成积垢。

3 缺陷排查步骤

脱模变形缺陷排查步骤见图 2-8-1。

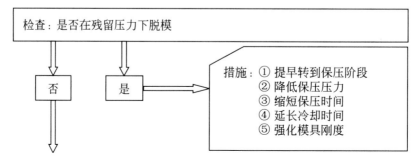

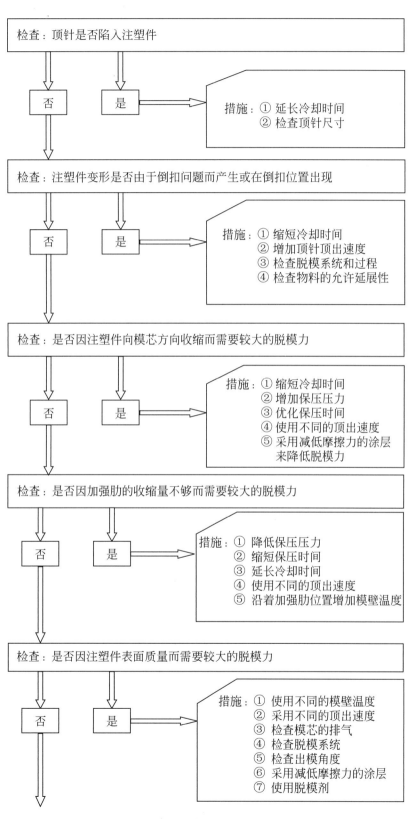

检查：顶针是否陷入注塑件

否　　是 → 措施：① 延长冷却时间
　　　　　　　　　 ② 检查顶针尺寸

检查：注塑件变形是否由于倒扣问题而产生或在倒扣位置出现

否　　是 → 措施：① 缩短冷却时间
　　　　　　　　　 ② 增加顶针顶出速度
　　　　　　　　　 ③ 检查脱模系统和过程
　　　　　　　　　 ④ 检查物料的允许延展性

检查：是否因注塑件向模芯方向收缩而需要较大的脱模力

否　　是 → 措施：① 缩短冷却时间
　　　　　　　　　 ② 增加保压压力
　　　　　　　　　 ③ 优化保压时间
　　　　　　　　　 ④ 使用不同的顶出速度
　　　　　　　　　 ⑤ 采用减低摩擦力的涂层
　　　　　　　　　　　 来降低脱模力

检查：是否因加强肋的收缩量不够而需要较大的脱模力

否　　是 → 措施：① 降低保压压力
　　　　　　　　　 ② 缩短保压时间
　　　　　　　　　 ③ 延长冷却时间
　　　　　　　　　 ④ 使用不同的顶出速度
　　　　　　　　　 ⑤ 沿着加强肋位置增加模壁温度

检查：是否因注塑件表面质量而需要较大的脱模力

否　　是 → 措施：① 使用不同的模壁温度
　　　　　　　　　 ② 采用不同的顶出速度
　　　　　　　　　 ③ 检查模芯的排气
　　　　　　　　　 ④ 检查脱模系统
　　　　　　　　　 ⑤ 检查出模角度
　　　　　　　　　 ⑥ 采用减低摩擦力的涂层
　　　　　　　　　 ⑦ 使用脱模剂

图2-8-1

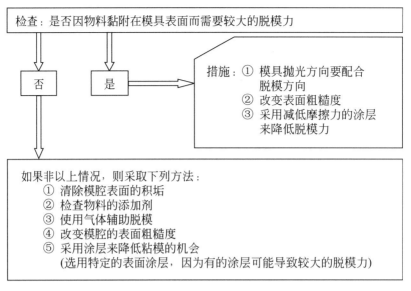

图2-8-1

九、扭曲

1 缺陷形成的原理

扭曲指的是注塑件的形状与原来的要求不一致。它们通常是因注塑件的不平均收缩而引起，但不包括脱模造成的注塑件变形。扭曲是注塑件的一大问题，很难准确地预测，而且修改注塑模具常造成无法估计的成本和延误。

2 缺陷的可能成因

（1）模壁温度

近模壁部位的冷却率太高，导致分子无足够时间形成较高的紧密排列。再者，在一些半结晶性的热塑性材料案例里，晶状结构在周边形成的过程会因此被抑制，所以这里差不多可说是非结晶性的，近模壁的部位只有少许收缩。在对比周边位置时，在注塑件横截面中央的冷却率是较慢的，因为这些位置是被隔离的，与模壁分隔开。在半结晶热塑性的一些案例里，因为晶状结构的形成，导致这里的收缩率比近模壁的高。

模壁温度对扭曲有很大的影响，低的模壁温度使注塑件的冷却加快，因此抑制了分子链形成的紧束度。这些注塑件会有较少的注塑收缩，但过后收缩却较多，特别是对于半结晶性物料而言。高的模壁温度使注塑件的冷却速度减慢，分子链有足够时间形成紧束密度的排列。这些注塑件会有大量的注塑收缩，但过后收缩较少。假如脱模温度保持不变，一般注塑件在高模温下的总收缩率会比在低模温下的总收缩率高。

（2）壁厚

厚壁的部分会比薄壁的部分的冷却速度慢，所以其收缩较大。

（3）物料

非结晶性塑料（如 ABS、PC、PMMA、PS、SAN）和半结晶性塑料（如 PP、POM、PA、PE）的扭曲程度是不同的。非结晶性塑料一般拥有比半结晶性塑料更低的收缩能力。

增延剂和加强填充物都能阻止因注塑流动而造成的分子排列方向的收缩。半结晶塑料与玻璃纤维的收缩比大约是 200：1。因此，使用玻璃纤维会使注塑件有极大的收缩差异，也因浇口的数目和位置、壁厚和注塑件的形状等有所不同。因为矿物和玻璃珠的形状的影响，利用它们作填充物的塑料的收缩比较少，为减少收缩差异，它们通常与玻璃纤维一起使用。

（4）加工参数

加工过程也会在某种程度上影响注塑件收缩的反应（受所使用的塑料影响）。在不同的注塑件中，熔胶温度和注射速度对收缩有不同的影响，因为提高这些参数能改善塑料的流动性和压力的传递，但同时会产生高温，使收缩增加。

3 缺陷排查步骤

1）提供平均的壁厚，使用同一厚度的壁厚和加强肋骨（但可能形成收缩痕、光泽差别等问题），避免有熔融料积聚和壁厚突变的情况。

2）在角位添加圆弧和加大内层的表面尺寸，以提供平均的散热效果，在可能的情况下，底部和承受面不要采用平面设计，应采用碟形或弧形设计。

3）优先考虑对称的设计，在可能的情况下，把浇口移到厚壁位置（挤入原理），选用足够的浇口直径（保压压力的传递）。

4）利用浇口的数目和位置，令注塑件产生的塑料流动方向均衡（使玻璃纤维排列统一），同时避免熔合线。

5）采用低收缩率的塑料，注意填充剂的种类和数量对扭曲的影响。

6）确保模壁温度的一致性受到控制，确保热流道射嘴和注塑件有良好的隔热效果，安装分离式温度控制线道。如果条件不允许安装传统的控温器，则应检查所采用的热传导性物料。

第三章 注塑制品典型缺陷及解决方法

一、熔接痕

1 工艺调整

1）调整成型条件，提高流动性。如提高树脂温度、提高模具温度、提高注射压力及速度等。

2）多级注射通过"高速注塑以充模体积为先后顺序填充、慢速注塑以厚薄为先后顺序填充"进行调试，可适当将熔接痕进行移位。

2 设计改良

1）增设排气槽，在熔接痕的产生处设置推出杆也有利于排气。

2）尽量减少脱模剂的使用。

3）设置工艺溢料并放在熔接痕的产生处，成型后再予以切断去除。

4）若仅影响外观，则可改变浇口位置，以改变熔接痕的位置。或者将熔接痕产生的部位处理为暗光泽面等，予以修饰。

二、充模流痕

1 工艺调整

1）若注射速度太快，降低注射速度。

2）注射速度单级改为多级，注射速度由慢转快。

3）若熔融料温度太低，提高机筒温度（对热敏性材料只在计量区），增加低螺杆背压。

2 设计改良

1）若浇口和模壁之间过渡不好，提供圆弧过渡。

2）若浇口太小，加大浇口。

3）若浇口位于截面厚度的中心，浇口重定位，采用障碍注射。

4）改善不合理的螺杆几何形状，选用加料段长的螺杆，且加料段的螺槽较深。

三、气泡

1 工艺调整

1）若保压压力太低，提高保压压力。

2）若保压时间太短，延长保压时间。

3）若模壁温度太低，提高模壁温度。

4）若熔融料温度太高，降低熔体温度。

2　设计改良

1）若浇口横截面太小，增大浇口横截面，缩短浇道。

2）若喷嘴孔太小，增大喷嘴孔。

3）浇口不要开在薄壁区，将浇口开在厚壁区。

四、白点

1　工艺调整

1）若熔融料温度太低，提高机筒温度。

2）若螺杆转速太高，降低螺杆转速。

3）若螺杆背压太低，增加螺杆背压。

4）若循环时间短，即熔融料在机筒内停留时间短，延长循环时间。

2　设计改良

改善不合理的螺杆几何形状，选用适当几何形状的螺杆（主要是指计量、压缩段）。

五、混色

1　工艺调整

1）若材料未均匀混合，降低螺杆速度，提高机筒温度，增加螺杆背压。

2）若熔融料温度太低，提高机筒温度，增加螺杆背压。

3）若螺杆背压太低，增加螺杆背压。

4）若螺杆速度太高，减小螺杆速度。

2　设计改良

1）若熔胶量过小，熔融料在机筒内停留时间短，用直径较大的机筒。

2）若螺杆 $L:D$ 太低，使用长径比较大的机筒。

3）若螺杆压缩比低，采用高压缩比螺杆。

4）采用混炼螺杆或用静态混合器。

5）更换易混色的颜料，加其他助剂。

六、制品尺寸不稳定

1　设备方面原因

1）机台塑化量不够。

2）机筒下料不稳定。

3）机筒内部逆流过大。

4）机筒温度波动过大。

2　模具方面原因

1）模具材料刚性不够。

2）一模多腔形式导致每个模腔制品尺寸达不到高精度制品的公差要求。

3）顶出系统、浇注系统、冷却系统设置不合理，导致生产周期不稳定。

3　工艺方面解决方法

1）熔胶参数应保障熔融料的均匀性。

2）综合理解射胶、保压各工艺参数，调节稳定熔融料在模腔内的流动密度与压强。

3）成型周期要保持稳定，不能有过大的波动。

4）加料量即射胶量要稳定。

4　原料方面原因

1）新料与再生料的混合不当，再生料体积过大，混合比例过大。

2）干燥条件不一致，颗粒不均匀。

3）选料时充分考虑收缩率对尺寸精度的影响。

4）添加剂过多，质量不过关。

七、发脆

1　设备方面原因

1）机筒内有死角或障碍物，容易促进熔融料降解。

2）机器塑化容量太小，塑料在机筒内塑化不充分。

3）机器塑化容量太大，塑料在机筒内受热和受剪切作用的时间过长，塑料容易老化，使制品变脆。

4）顶出装置受力不平衡。

5）螺杆与加工原料不匹配，塑化剪切过大。

2　模具方面原因和解决方法

1）浇口太小，应考虑调整浇口尺寸或增设辅助浇口。

2）分流道太小或配置不当，应尽量安排得平衡合理或增加分流道尺寸。

3　工艺方面解决方法

1）若机筒、喷嘴温度太高，降低温度。

2）降低螺杆预塑背压压力和转速。

3）模温太高，脱模困难；模温太低，塑料过早冷却，熔接缝融合不良，容易开裂，特别是高熔点塑料如聚碳酸酯等更是如此。

4）型腔型芯要有适当的脱模斜度。

5）尽量少用金属嵌件。

4　原料方面原因

1）原料混有杂质或掺杂了不适当的或过量的溶剂或其他添加剂时。

2）有些塑料如 ABS 等，在受潮状况下加热会与水汽发生催化裂化反应，使制件发生大的应变。

3）塑料再生次数太多或再生料含量太高，或在机筒内加热时间太长，都会促使制件脆裂。

4）塑料本身质量不佳，例如分子量分布大，含有刚性分子链等不均匀结构的成分占比过大；或受其他塑料掺杂污染、不良添加剂污染、灰尘杂质污染等也是造成发脆的原因。

5　制品设计方面原因

1）制品带有容易出现应力开裂的尖角、缺口或厚度相差很大的部位。

2）制品设计太薄。

八、填充不足

1　设备方面原因

1）机台的塑化量过少或加热率不定。

2）螺杆与机筒或过胶头等的磨损造成逆流过大。

3）射嘴堵塞。

4）机台压力与注射速度与制品不匹配。

2　模具方面原因

1）模具局部或整体的温度过低。

2）模具型腔分布不平衡，制件壁厚过薄。

3）模具的流道过小造成压力损耗。

4）模具的排气不良。

3　工艺方面原因

1）注塑压力太小。

2）速度太慢。

3）时间太短。

4）注塑温度太低。

5）熔融料占位置偏小。

九、飞边

1　设备方面原因

1）机器真正的合模力不足。

2）合模装置调节不佳，肘杆机构没有伸直，产生左右或上下合模不均衡，模具平行度不能达到要求，造成模具一侧合紧而另一侧不密贴的情况，注射时将出现飞边。

3）模具本身平行度不佳，或装得不平行，或模板不平行，或拉杆受力分布不均、变形不均，这些都将造成合模不紧密而产生飞边。

4）止回环磨损严重；弹簧喷嘴弹簧失效；机筒或螺杆的磨损过大；进料口冷却系统失效造成"架桥"现象；机筒调定的注料量不足，缓冲垫过小等都可能造成飞边反复出现，必须及时维修或更换配件。

2　模具方面原因

1）模具分型面精度差。

2）模具设计不合理。

3　工艺方面原因

1）注射压力过高或注射速度过快。

2）加料量过大造成飞边。值得注意的是不要为了防止凹陷而注入过多的熔融料，这样凹陷未必能"填平"，而飞边却会出现。这种情况应通过延长注射时间或保压时间来解决。

3）机筒、喷嘴温度太高或模具温度太高都会使塑料黏度下降，流动性增大，在流畅进模的情况下造成飞边。

4　原料方面原因

1）塑料黏度太高或太低都可能出现飞边。对黏度低的塑料如尼龙、聚乙烯、聚丙烯等，应提高合模力；吸水性强的塑料或对水敏感的塑料在高温下会大幅度降低流动黏度，增加飞边的可能性，对这些塑料必须彻底干燥；掺入再生料太多的塑料黏度也会下降，必要时要补充滞留成分。塑料黏度太高，则流动阻力增大，产生大的背压使模腔压力提高，造成合模不足而产生飞边。

2）塑料原料粒度大小不均时会使加料量变化不定，制件或不满或飞边。

十、制品光泽不良

1　模具方面原因

1）若模具型腔加工不良，如有伤痕、微孔、磨损、粗糙等不足，势必会反映到塑件上，使塑件光泽不良，对此，要精心加工模具，使型腔表面粗糙度较小，必要时可抛光镀铬。

2）若型腔表面有油污、水渍，或脱模剂使用太多，会使塑件表面发暗、没有光泽，对此，要及时清除油污和水渍，并限量使用脱模剂。

3）若塑件脱模斜度太小，脱模困难，或脱模时受力过大，使塑件表面光泽欠佳，对此，要加大脱模斜度。

4）若模具排气不良，过多气体停留在模型内，也导致光泽不良，对此，要检查和修正模具排气系统。

5）若浇口或流道截面积过小或突然变化，熔体在其中流动时受剪力作用太大，呈湍流动态流动，导致光泽不良，对此，应适当加大浇口和流道截面积。

6）定期清理模具内的原料和添加剂挥发后留下的垢。

2　工艺方面原因和解决方法

1）若注射速度过小，塑件表面不密实，显现光泽不良，对此，可适当提高注射速度。

2）对于厚壁塑件，如冷却不充分，其表面会发毛，光泽偏暗，对此，应改善冷却系统。

3）若保压压力不足，保压时间偏短，使塑件密度不够而光泽不良，对此，应增大保压压力和保压时间。

4）若熔体温度过低，流动性较差，易导致光泽不良，对此，应适当提高熔体温度。

5）对于结晶树脂，如 PE、PP、POM 等制作的塑件，如冷却不均匀会导致光泽不良，对此，应改善冷却系统，使之均匀冷却。

6）若注射速度过大，而浇口截面积又过小，则浇口附近会发暗而光泽不良，对此，可适当降低注射速度和增大浇口截面积。

7）熔融料温度过高，如 PA 料温度过高，导致局部收缩，表现为局部发亮等。

3　原料方面原因和解决方法

1）原材料粒度差异较大，使得难以均匀塑化，而光泽不良，对此，应将原材料进行筛分处理。

2）原料中再生料或水口料加入太多，影响熔体的均匀塑化而光泽不良，对此，应减少再生料或水口料加入量。

3）有些原材料在调温时会分解变色导致光泽不良，对此，应选用耐温性较好的原材料。

4）原材料中水分或易挥发物含量过高，受热时挥发成气体，在型腔和熔体中凝缩，导致塑件光泽不良，对此，应对原材料进行预干燥处理。

5）有些添加剂的分散性太差而使塑件光泽不良，对此，应改用流动性能较好的添加剂。

6）原材料中混有异物、杂料或不相溶的物料，它们不能与其原料均匀混熔在一起而导致光泽不良，对此，应事先严格排除这些杂料。

7）若润滑剂用量过少，熔融料的流动性较差，塑件表面不致密，使得光泽不良，对此，应适当增加润滑剂的用量。

十一、制品脆弱

1　成因

1）塑料性能不良，或分解降聚，或水解，或颜料不良和变质。

2）塑料潮湿或含水分。

3）再生料比例过大或供料不足。

4）塑料内有杂质及不相溶料或塑化不良。

5）收缩不均、冷却不良及残余应力等，使内应力加大。

6）制品设计不良，如强度不够、有锐角及缺口。

7）注射压力太低，注射速度太慢。

8）注射时间短，保压时间短。

9）料温低，模温低，射嘴温度低。

2　解决方法

1）采用性能良好、无变质分解的塑料。

2）对塑料进行干燥处理。

3）合理选用再生料的比例，保证供料。

4）清除原料中的杂质和不相溶料。

5）调节工艺技术参数，消除应力。

6）修改工模模具设计，消除锐角和缺口。

7）增加射胶压力和速度的设定值。

8）增加射胶时间、保压时间的设定值。

9）增加机筒和射嘴的温度及工模温度。

十二、制品僵块

1　成因

1）塑料混入杂质或使用了不同牌号的塑料。

2）注塑机塑化能力不足，注塑机容量接近制品质量。

3）塑料料粒不均或过大，塑化不均。

4）料温和模温太低。

5）射嘴温度低，注射速度小。

2　解决方法

1）防止杂质混入和防止料误加入。

2）调整注塑机机型，使注塑容量与机型塑化能力相匹配。

3）调节工艺技术参数，使塑化均匀。

4）增加熔胶筒温度和工模温度。

5）增加射嘴温度，增加射胶速度。

十三、制品分层脱皮

1　成因

1）塑料混入杂质，或不同塑料混杂，或同一塑料不同级别相混合。

2）塑料过冷或受污染、混入异物。

3）模温过低或熔融料冷却太快，熔融料流动性差。

4）注射压力不足或速度太慢。

5）射胶时间设置过长。

6）塑料混合比例不当或塑化不均匀。

2　解决方法

1）要使用同一级别的塑料，避免杂质或其他特性的塑料相混杂使用。

2）提高机筒的温度，清洁机筒。

3）提高模温和料温。

4）提高射胶压力和速度。

5）减少射胶时间设定值。

6）再生料混合比例要适当，调节工艺参数使塑化均匀。

十四、制品出现斑点、黑线条等

1　成因

1）机筒内壁烧焦，胶块脱落，形成小黑点。

2）空气带来污染或模腔内有空气，导致焦化形成黑点。

3）产生黑色条纹：

a. 机筒、螺杆不干净，或原料不干净。

b. 机筒内胶料局部过热。

c. 冷胶粒互相摩擦，与机筒壁摩擦时烧焦。

d. 螺杆中心有偏差，使螺杆与机筒壁面摩擦，烧焦塑料。

e. 射嘴温度过热，烧焦塑料。

f. 胶料在机筒内高温下滞留时间太长。

4）产生棕色条纹或黄线：

a. 机筒内全部或局部过热。

b. 胶料粘在机筒壁或射嘴上以致烧焦。

c. 胶料在机筒内停留时间过长。

d. 机筒内存在死角。

5）注射压力太高，注射速度太大。

6）机筒内胶料温度太高或射嘴温度过高。

7）螺杆转速太高或背压太低。

8）浇口位置不当或排气道排气不良。

2　解决方法

1）清除机筒内壁胶料；用较硬的塑料置换机筒内存料，擦净机筒壁面；避免胶料长时间受高温。

2）塑料要封闭好并在料斗上加盖；工模排气道要改好；修改工模设计、制品设计或浇口位置；提高或降低机筒和工模温度，以改变胶料在模内的流动形态；降低射胶压力或速度的设定值。

3）对黑色条纹按以下方法处理：

a．清理机筒及螺杆，使用无杂质、干净的原料。

b．降低加热温度或均匀地加热机筒，使温度均匀。

c．加入有外润滑剂的塑料；再生料要加入润滑剂；提高机筒后端的温度。

d．校正螺杆与机筒间隙，使空气能顺利排出机筒；避免用细粉塑料，避免螺杆与机筒壁面间形成摩擦生热，细料塑料应造粒后使用。

e．降低射嘴的温度或控制温度变化范围。

f．尽量缩短成型循环时间；减小螺杆转速、加大背压或在小容量注塑机上注塑；尽量让塑料不在机筒内滞留。

4）对棕色条纹或黄线按以下方法处理：

a．降低机筒的温度设定，降低螺杆旋转速度，减少螺杆背压设定值；

b．对机筒内壁、射嘴等进行清理，擦净；

c．更改工艺参数，缩短注塑成型周期；

d．更换螺杆。

5）降低射胶压力和射胶速度的设定值。

6）降低机筒的温度和降低射嘴温度的设定值。

7）增加背压和减小螺杆转速。

8）检查模具的排气孔情况，改变浇口位置。

十五、制品透明度不良

1　成因

1）塑料中含有水分或有杂质混入。

2）浇口尺寸过小、形状不好或位置不好。

3）模具表面不光洁，有水分或油污。

4）塑料温度低，或模温低。

5）料温高或浇注系统剪切作用大，塑料分解。

6）熔融料与模具表面接触不良或模具排气不良。

7）润滑剂不当或用量过多。

8）塑料塑化不良，结晶性料冷却不良、不均或制品壁厚不均。

9）注射速度过快，注射压力过低。

2　解决方法

1）塑料注塑前应干燥处理，并防止杂质混入。

2）修改模具浇口尺寸、形状或位置，使之合理。

3）擦干水分或油污，表面进行抛光。

4）提高机筒温度或模温。

5）降低料温，防止塑料降解或分解。

6）合理调校射胶压力、速度参数，检查排气道排气状况。

7）适量使用润滑剂。

8）合理调整工艺技术参数，防止结晶性料冷却不良或不均匀。

9）调节射胶速度和压力，使之合适。

十六、浇口粘模

1 成因

1）浇口锥度不够或没有用脱模剂。

2）浇口太大或冷却时间太短。

3）料温高，冷却时间短，收缩不良。

4）工模表面有损伤或凹痕。

5）射胶压力过大，使制品脱模时没有完全顶出，或剩余部分断开模具内的断胶。

6）射胶压力过大，复杂型腔的孔被堵塞，形成胶柱，引起断针。

2 解决方法

1）增加浇口锥度，使用适量的脱模剂。

2）延长冷却时间，缩小浇口直径。

3）降低料温，增加冷却时间，使收缩良好。

4）修理工模型腔，表面进行抛光。

5）调校工艺技术参数，如顶针动作参数，预防断胶。

6）调校工艺技术参数，降低射胶压力或速度，以防止断针。

十七、制品粘模

1 成因

1）浇口尺寸太大或型腔脱模斜度太小。

2）脱模结构不合理或工模内有倒扣位。

3）工模内壁光洁度不够或有凹痕划伤。

4）料温过高或注射压力过大。

5）注射时间参数设置太长。

6）冷却时间参数设置太短。

7）模内制品表面未冷却硬化或模温太高。

8）射嘴温度低，射嘴与浇口套弧度不吻合或吻合不良。

9）射嘴孔径处有杂质或浇口套孔径比射嘴孔径小。

2　解决方法

1）修改模具浇口和型腔设计尺寸。

2）模具结构应合理，除去倒扣位，打磨抛光，增加脱模部位的斜度。

3）对工模型腔内壁再次抛光，打磨处理凹痕划伤后再抛光。

4）降低料温和减小射胶压力，降低螺杆转速或背压。

5）减小射胶时间参数设定值。

6）增加冷却时间参数设定值。

7）延长保压时间并加强工模冷却，降低模温。

8）降低射嘴温度，调校或修理使射嘴与浇口套吻合。

9）清除射嘴孔与浇口套处的杂质，更换射嘴孔径或修改浇口套孔径。

十八、制品粗糙

1　成因

1）模具腔内粗糙，光洁度差。

2）塑料内含有水分或挥发物过多，或塑料颜料分解变质。

3）供料不足，塑化不良或塑料流动性差。

4）模具壁有水分和油污。

5）使用脱模剂过量或选用不当。

6）熔融料在模腔内与腔壁没完全接触。

7）注射速度慢，压力低。

8）脱模斜度小，脱模不良或制品表面硬度低，易划伤磨损。

9）料粒大小不均，或混入不相溶料产生色泽不均、银丝等。

2　解决方法

1）再次对模具型腔进行抛光作业。

2）干燥塑料原料，合理使用再生料，防止杂质掺入。

3）检查下料口情况以及塑胶料塑化情况，再调节参数。

4）清洁和修理漏水裂痕或防止水汽在壁面凝结，擦净油污。

5）正确选用少量的脱模剂，清洁工模。

6）可通过加大射胶压力、提高模温、增加供料来改善。

7）增大射胶压力和速度设定，提高熔胶温度，增加背压。

8）修改模具斜度，合理选用顶针参数，操作时精心作业。

9）混料时注意料粒大小要均匀，防止其他料误入。

十九、制品表面波纹

1 成因

1）浇口小，导致胶料在模腔内有喷射现象。

2）流道曲折，狭窄，光洁度差，供应胶料不足。

3）制品切面厚薄不均匀，面积大，形状复杂。

4）模具冷却系统不当或工模温度低。

5）料温低、模温低或射嘴温度低。

6）注射压力、速度设置太小。

2 解决方法

1）修改浇口尺寸或降低射胶压力。

2）修改流道和提高其光洁度，使胶料供应充分。

3）设计制品使切面厚薄一致，或去掉制品上的凸盘和凸起的线条。

4）调节冷却系统或提高模温。

5）提高机筒温度和射嘴温度。

6）增加射胶压力和速度参数设定值。

二十、制品变色

1 成因

1）塑料和颜料中混入杂物。

2）塑料和颜料污染或降解、分解。

3）颜料质量不好或使用时搅拌不均匀。

4）机筒温度、射嘴温度太高，使胶料烧焦变色。

5）注射压力和速度设置太高，使添加剂、着色剂分解。

6）模具表面有水分、油污，或使用脱模剂过量。

7）纤维填料分布不均，制品与溶剂接触树脂溶失，使纤维裸露。

8）机筒中有障碍物促进物料降解。

2 解决方法

1）混料时避免混入杂物。

2）原料要干燥，设备干净，换料时要清除干净，以免留有余料。

3）保证所用颜料质量，使用搅拌时颜料要均匀附在料粒表面。

4）降低机筒、射嘴温度，清除烧焦的胶料。

5）降低射胶压力和速度参数值，避免添加剂分解。

6）擦干模具表面水分和油污，合理使用脱模剂。

7）合理设置纤维填料的工艺参数，合理使用溶剂，使塑化良好，消除纤维外露。

8）注意消除障碍物，尤其对换料要严格按步骤程序进行，或使用过渡换料法。

二十一、制品银纹

1　成因

1）塑料配料不当或塑料粒料不均，掺杂或比例不当。

2）塑料中含水分高，有低挥发物掺入。

3）塑料中混入少量空气。

4）熔融料在模腔内流动不连续。

5）模具表面有水分、润滑油，或脱模剂过多或使用不当。

6）模具排气不良、熔融料薄壁流入厚壁时膨胀，挥发物汽化与模具表面接触液化生成银丝。

7）模具温度低，注射压力小，注射速度小，熔融料填充慢冷却快形成白色或银白色反射光薄层。

8）射胶时间设置太短。

9）保压时间设置太短。

10）塑料温度太高或背压太高，机筒或射嘴有障碍物或毛刺。

2　解决方法

1）严格塑料比例配方，混料应粗细均一，保证塑化。

2）塑料生产前进行干燥，避免污染。

3）降低机筒后段的温度或提高机筒前段的温度。

4）调整浇口对称，确定浇口位置或保持模温均匀。

5）擦干模具表面水分或油污，合理使用脱模剂。

6）改进模具设计，配方尽量严格按塑料原料的比例，减少原料污染。

7）增加模温，增加射胶压力和速度，延长冷却时间和注塑成型周期时间。

8）增加射胶时间的参数设定值。

9）增加保压时间的参数设定值。

10）由射嘴开始，降低机筒的温度，或降低螺杆转速，使螺杆所受的背压减少。检查机筒和射嘴，若浇注系统太粗糙，应改进和提高。

二十二、制品变形

1　成因

1）塑料塑化不均匀、供料填充过量或不足。

2）浇口位置不当，不对称或数量不够。

3）模具强度不够，易变形，精度不够或有磨损或定位不可靠或顶出位置不当。

4）脱模系统设计不良或安装不好，脱模时受力不均匀。

5）塑料料温太低，模温低，射嘴孔径小，在注射压力、速度高时剪应力大。

6）料温高，模温高，填充作用过分，保压补缩过大，射胶压力高时，残余应力过大。

7）制品厚薄不均，参数调节不当，冷却不均或收缩不均。

8）冷却时间参数设置太短，脱模制品变形，后处理不良或保存不良。

9）模具温度不均，冷却不均，厚壁部分冷却慢，薄壁部分冷却快，或塑件凸部冷却快，凹部冷却慢。

2　解决方法

1）调节螺杆后退位置，减少进料，降低射胶压力或增加压力。

2）更改浇口或在浇口控制流动速度。

3）检查或修改模具或安装校正使之定位准确，精度良好，顶出位置适当。

4）可更改设计或再安装调试，使制品脱模时受力均匀。

5）提高机筒的温度及模具温度，减小射胶压力和速度以防止剪应力过大。

6）降低机筒的温度及模具温度，减小射胶压力并进行保压补缩，以防残余应力过大。

7）检查模具受热是否均匀，或修改模具使之厚薄均匀，或合理调节参数使收缩均匀。

8）增加冷却时间参数设定值，调节其他参数，加强后处理工序，保存堆放合理，免受外力作用而变形。

9）调节模具冷却系统对模具温度的控制并均匀分布，避免冷却不均造成温度不均而使塑件温度不均，收缩不均，发生变形。

二十三、制品裂纹

1　成因

1）塑料有污染、干燥不良或有挥发物。

2）再生料混合比例大，使塑料收缩方向性过大或填料分布不均。

3）不适当的脱模设计，制品壁薄，脱模斜度小，有尖角或缺口，容易应力集中。

4）顶针或环定位不当，或成型条件不当，应力过大，顶出不良。

5）工模温度太低或温度不均。

6）注射压力太低，注射速度太慢。

7）射胶时间和保压时间设置太短。

8）冷却时间调节不适当，过长或过短。

9）制品脱模后或后处理冷却不均匀，或脱模剂使用不当。

2　解决方法

1）检查塑料是否有污染掺杂等。

2）严格掌握再生料掺入比例，使得塑料能良好地塑化。

3）修改工模设计，消除斜度小、尖角及缺口。

4）调校安装顶针装置，使顶针顺利顶出制品而不发生冲撞。

5）调节工模温度，保持正常或提高模温。

6）增加射胶压力和速度参数设定值。

7）增加射胶时间和保压时间参数设定值。

8）根据制品具体情况，合理调节冷却时间。

9）合理使用脱模剂，保证制品脱模后冷却状态均匀。

二十四、熔接不良

1 成因

1）浇口系统形式不当，浇口小，分流道小，流程长，流料阻力大，料温下降快。

2）料温太低或模温太低。

3）塑料流动性差，有冷料掺入，冷却速度快。

4）模具内有水分或润滑剂，熔融料充气过多，脱模剂过多。

5）注射压力太小或注射速度慢。

6）制品形状不良，壁厚薄不均匀，使熔融料在薄壁处汇合。

7）模具冷却系统不当或排气不良。

8）塑料内掺有不相溶的料、油质或脱模剂选择不当。

2 解决方法

1）改进浇口系统，增大浇口或分流道，减小流程及流料阻力，保持料温下降幅度。

2）提高机筒和工模温度。

3）对于流动性差的料，防止冷料加入加速冷却，影响流动速度。

4）检查排气孔，擦干工模内壁，或按工艺技术标准使用塑料、添加剂等。

5）提高射胶压力和速度设定值。

6）改善制品形状或增加注塑成型周期时间。

7）检查冷却系统和排气孔情况。

8）检查塑料有无污染，擦净工模壁，涂上适当的脱模剂以防止制品裂纹。

二十五、制品凹痕

1 成因

（1）模腔胶料不足，引起收缩。

1）填充进料不足或加料量不够。

2）浇口位置不当或浇口不对称。

3）分流道、浇口不足或太小。

4）制品壁厚或厚薄不均匀，在厚壁处的背部容易出现凹痕。

（2）工艺技术参数调节不当。

1）射胶压力小，射胶速度慢。

2）射胶时间设置太短。

3）保压时间设置太短。

4）冷却时间设置太短。

（3）塑料过热。

1）塑料过热，机筒温度设置太高。

2）模具温度过高。

3）模具有局部过热或制品脱模时过热。

（4）料温太低或塑化不良，使熔融料流动不良。

2 解决方法

（1）模腔胶料不足，引起收缩。

1）增加加料或开大下料口闸板。

2）限制熔融料全部流入直浇道浇口，不流入其他浇口。

3）增加分流道和增大浇口尺寸。

4）可对工模模具进行修改或增加注射压力。

（2）工艺技术参数调节不当。

1）调节增大射胶压力和射胶速度。

2）增加射胶时间设定值。

3）增加保压时间设定值。

4）增加冷却时间设定值。

（3）塑料过热。

1）降低机筒的温度设定值。

2）降低模温，调节冷却系统进水闸阀。

3）检查工模冷却系统或延长冷却时间。

（4）提高机筒各段加热区温度，检验塑化胶料的程度。

第四章　注塑制品案例分析

一、产品飞边与缩凹缺陷的平衡处理

本案例是多级注塑案例。

产品、模具流道结构特点与塑料特性决定了多级成型调试的主要方向，再选择合适的注塑机才能获得稳定合格的产品。

在同一产品中，同时克服近浇口处的飞边及填充末端筋位的收缩缺陷，是本案例多级注塑的课题。从成型原理的角度来看，两种不同调试方向发生矛盾——填充能量高，可有效克服收缩，但增加了飞边的产生；填充能量低，可有效克服飞边，但增加了收缩的产生。在实际调试中，怎样才能找到最佳调试平衡方案呢？这正是本课题的关键。

以下以力劲注塑机 pt850c 调试电视机旋转底座的实际案例进行分析说明。

1　产品特征

重量 575g（含浇口料重 605g）；产品投影面积 1115cm²（包含浇口料为 1225cm²）；浇口类型为 6 个扁型侧浇口；产品平均厚度 2mm。

电视机旋转底座产品见图 4-1-1。

图4-1-1

2　模具特征

两板模；模具长宽尺寸 800mm × 600mm；浇口处于模具偏心位置。

3　机台特征

通用机铰（上下式）卧式注塑机，机型 pt850c。相关参数如下：

1）人机界面监控——EMPC-9600 电脑系统。

2）多工段射胶，射胶压力、速度采用闭环反馈控制。

3）标准螺杆配置：直径为 $\Phi95$。

4）射胶量：3386g。

5）射胶压力：199.6MPa。

6）射胶速率：737mL/s。

7）芯柱内距：1090mm × 1060mm。

8）最大工作油压：17.5MPa。

4 塑料特征

原料为 ABS 料（日本厂商，内地生产），未加再生料；配色后为灰色；热风干燥机连续干燥 2h 以上。

5 调试难点描述

产品为出口至日本的电视机活动底座，表面需电镀。电镀面有较高表观质量要求。

产品调试难点：同时克服产品近浇口处的飞边及填充末端筋位的收缩缺陷。

6 质量检查方式

目视、触觉检查。

目视缩凹区，需分辨不出此处与周围面的光的反射亮度不同。

飞边的检查，需做到用手触摸感觉不出来，不需进行再处理。

7 缺陷区

产品缺陷区见图 4-1-2。

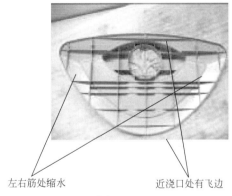

左右筋处缩水　　　　　近浇口处有飞边

图4-1-2

8 初次方案

1）模具安装：采用竖安装，即模具宽的一方在模板上下位置，窄的一方在模板前后位置。

2）模温设定：前模自然冷却状态，后模为自来水冷却，模温约 40℃左右。

3）工艺设定：高压锁模——模具锁紧时，实测达到 900t，用以克服飞边的产生。高压充模保压，克服填充末端筋位处缩凹缺陷。

4）调试结果：飞边与缩凹难以兼顾，产品达不到要求。

9 最终方案

1）模具安装：由于模具的安装面积与机台模板有效安装面积相比较小（比值为41%），因此模具改为横装，以减少锁模机构及模具变形对克服产品飞边的负面影响。

2）模温设定：将前后模温升至70℃左右，以减少填充时模腔压力的损失，同时保证在压缩保压阶段，型腔填充末端在较低的模腔压力的情况下，获得相对较高的压强，得以改善填充末端筋处收缩凹陷缺陷。

3）工艺设定：根据产品结构采用5级注塑、2级保压。注射采用中压中速，保证了填充时压力的传递，同时有效改善了近浇口处产品飞边的产生。

4）调试结果：飞边与收缩凹陷同时克服，产品达到质量要求。

10 调试参数的剖析

（1）模温分布

辅助设备为模具温度控制机，冷却介质为油。前后模温设定为75℃。

1）生产前模温测试（实测，采用接触方式），动模平均模温51.7℃，定模平均模温51.8℃，生产前模温如图4-1-3所示。

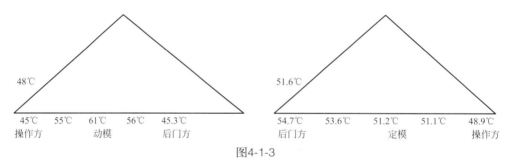

图4-1-3

2）连续生产1h后模温测试，动模平均模温67.5℃，定模平均模温62.8℃，生产1h后模温如图4-1-4所示。

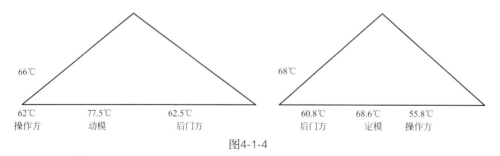

图4-1-4

（2）成形工艺分析

1）料温参数　设定值：210℃、225℃、220℃、215℃、210℃、198℃、190℃。

显示值上下偏差2℃。此设定温度在ABS常用温度范围内。

2）锁模参数　高压锁模后，实测锁模力达到880t。

3）射胶参数　从合理调整充模时的局部模腔压力及填充速率，减少飞边的产生及压力传递损耗的思路出发，采用了多级注射进行调试，5段射胶、2段保压。

转保压后，射胶控制方式由位置转为时间。

4）参数设定与分析

① 射胶一区（图4-1-5）压力6.2MPa（设定值与油压相对应）。速度80%。射胶行程：熔胶位置由（95+5）mm —→ 60mm。

分析：采用低压高速，近浇口部位的模腔压力得到了控制，在熔融料未冷却阶段有效防止飞边的出现；采用较高射速，以减少填充时型腔内部的压力损耗，有利于下一阶段注射时对型腔远处的压力传递。

② 射胶二区（图4-1-6）压力7.7MPa。速度60%。射胶行程：60mm —→ 46mm。

分析：注射设定压力增加，是因为随着填充行程的增加，阻力随之增加，设定压力必须克服阻力，才能保证射速达到工艺需要。设定速度减少，原因有二，一是此部位筋位多，填充速度太快，会因湍流裹气产生填充不足的表观缺陷；二是可适当控制充模压力降，防止在此射胶区导致边缘部位飞边的产生。

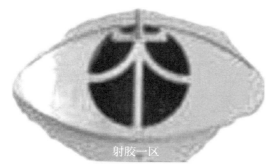

射胶一区

图4-1-5

射胶二区

图4-1-6

注意：射胶速度太慢，会增加后段充模时的阻力；同时在此射胶区，由于充模型腔压力降降低，使得局部模腔压力随之降低，会导致此部位薄筋片填充不足。

③ 射胶三区（图4-1-7）压力8.3MPa。速度70%。射胶行程：46mm —→ 30mm。

分析：参数设定思路与射胶二区相同。

④ 射胶四区（图4-1-8）压力9.3MPa。速度60%。射胶行程30mm —→ 25mm。

射胶三区

图4-1-7

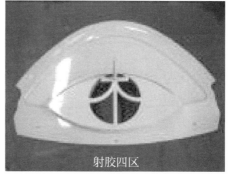

射胶四区

图4-1-8

分析：参数设定思路与射胶二区相同。

此段功能主要是克服产品上边缘的飞边的产生及填充阻力，同时保证此部位薄筋片的填充。

⑤ 射胶五区　压力 11.0MPa。速度 30%。射胶行程：25mm → 15mm。

分析：射胶速度的进一步减少，用来在填充末端，起刹车排气作用，防止因困气而产生飞边、凹痕缺陷的形成。压力主要是克服填充阻力，建立模腔压力，利于补缩。

射胶填充总计时 6.1s。

⑥ 保压一　压力 11.0MPa。速度 12%。时间 8s。

分析：

a. 保压压力的合理设定用来克服填充阻力，克服模腔压力因型腔模温分布的不均及保压切换时的压力峰值等不利因素的影响，起到补缩、稳定产品尺寸及内部质量的作用。

b. 保压速度不得低于产品收缩速度，以保证有效的补缩。

c. 保压压力与速度不得太高，防止保压时浇口处应力过大，产生应力冻结效果，反而影响后面的补缩效果，同时使得产品残余应力增加，导致产品机械性能下降、后收缩变形等缺陷的出现，再者，会导致产品近浇口区模腔压力过高，产品易出飞边。

d. 保压时间的长短由产品浇口封冻时间所决定。

⑦ 保压二　压力 3.0MPa。速度 10%。时间 1s。填充终点：14mm。

分析：保压二的参数与保压一的参数相比，降幅极大。主要是释放机筒计量室的熔体压力，减少对熔胶质量的影响及熔胶动作的冲击。

11　总结

根据产品结构特点，选择相应性能及规格的注塑机，合理控制模温与料温后，通过对产品成型时射胶压力与速度的多级调试，合理控制填充时型腔局部压力降的分布与型腔压力，可对飞边与收缩凹陷缺陷的解决找到一个最佳的平衡点。

二、浇口附近气纹案例

浇口附近气纹如图 4-2-1 所示。

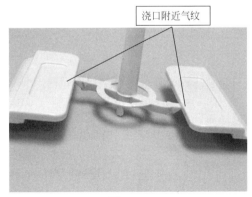

浇口附近气纹

图4-2-1

1　成型条件

（1）产品特征

材料和颜色：PC EXL 1414，灰色。

产品重（单件）：2.64g。

水口重：3.82 g。

（2）注塑机特征

牌号：HT86T（宁波）

锁模力：86t。

塑化能力：119 g。

（3）模具特征

出模数：1×2。

进胶口方式：搭阶进胶。

顶出方式：顶针及斜顶。

模具温度：119℃（恒温机）。

2　不良原因分析

浇口方式为搭阶浇口，由于进料截面小，压力一定时速度过快，及模具表面很光洁，造成高剪切使熔胶瞬间迅速升温，造成原料分解产生气体，气体未来得及排出，在浇口位产生气纹。

3　对策

1）运用多级注射及位置切换。

2）第一段用中等速度刚刚充满流道至浇口即找出相应的切换位置；然后第二段用慢速及很小的位置充过浇口附近部分成型（熔融料通过狭窄的进料口后快速充模不会造成高剪切）；第三段快速充满模腔的90%，以免高温的熔融料冷却；第四段慢速充满模腔，使模腔内的空气完全排出，避免困气及烧焦等不良现象。

3）浇口附近加开排气，最后转换到保压切换位置。

4）提高模具温度。

5）加大进料截面。

三、产品气泡与飞边缺陷案例

本案例为图 4-3-1 所示透明水晶鞋模具。

图4-3-1

1 产品特征

材料：PC（聚碳酸酯）L-1250Y。

产品单重：76g。

进胶口类型：三板模大水口转直水口进胶。

产品厚度：15mm 以上。

2 机台特征

注塑设备为海天 HTF200J/TJ，变量泵注塑机，主要技术参数如下。

射胶量：230g。

射胶压力：202 MPa。

3 成型工艺

见表 4-3-1。

表 4-3-1 成型工艺参数记录表

日期：_____年_____月_____日　　　　　记录人员_____　　　　部门_____

机台资料

机器型号	螺杆直径/专用备注	机台编号	使用年限
HTF200J/TJ	Φ40mm/PC专用螺杆	17#	7

产品资料

产品名称	模具编号	材料	出模数	浇口形式
透明水晶鞋	0812031	PC L-1250Y	1×2	大浇口

成型工艺参数

温度/℃	射嘴一段	料温二段	料温三段	料温四段	料温五段		料温六段		料温七段	
	295	305	300	280						
	干燥温度,时间	前模温度	后模温度	热流道温度	1	2	3	4	5	6
	120，6h	80	130							

射胶		射一	射二	射三	射四	保一	保二	保三
	压力/MPa	120	145	155		120		
	速度/(m/s)	22	60	38		30		
	时间/s					6		
	位置/mm	125	55	15				

熔胶	终止位置/mm	抽胶行程/mm	背压	转速/(r/min)	设定压力	设定速度	
	162.5	2.5	5bar		70	50	

锁模	锁模高压	160		开模距离	265	

成型工艺参数

时间/s	周期	冷却	熔胶	射胶	保压	低压	高压
	72	24	10	18			

前模	后模	备注:

4　缺陷描述

最终产品是透明产品，对表面要求较高，不允许有气泡（图4-3-2）、飞边修饰痕迹（图4-3-3）。

图4-3-2

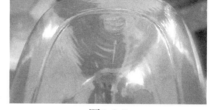

图4-3-3

5　多级工艺调整

工艺参数见表 4-3-2。

表4-3-2　成型工艺参数记录表

日期：_____年_____月_____日　　　　记录人员_____　　　部门_____

机台资料

机器型号	螺杆直径/专用备注	机台编号	使用年限
HTF200J/TJ	Φ40mm/PC专用螺杆	17#	7

产品资料

产品名称	模具编号	材料	出模数	浇口形式
透明水晶鞋	0812031	PC L-1250Y	1×2	大浇口

成型工艺参数

温度/℃	射嘴一段	料温二段	料温三段	料温四段	料温五段		料温六段		料温七段	
	295	305	300	280						
	干燥温度，时间	前模温度	后模温度	热流道温度	1	2	3	4	5	6
	120，6h	80	130							

成型工艺参数

		射一	射二	射三	射四	保一	保二	保三
射胶	压力/MPa	120	145	155	145	95	65	
	速度/(m/s)	18	27	45	30	25	20	
	时间/s					8	3	
	位置/mm	155	106	24	13			

	终止位置/mm	抽胶行程/mm	背压	转速/(r/min)	设定压力	设定速度	
熔胶	162.5	2.5	5bar		70	50	

	锁模高压			开模距离		
锁模	160			265		

	周期	冷却	熔胶	射胶	保压	低压	高压
时间/s	72	24	10	18			

前模　　后模

备注：

调整说明：

155mm，速度18%，防止浇口流纹及冷胶进入产品。

106 mm，速度27%，充填最厚产品部位，速度过高该部位会产生飞边，过低则产品因冷却充模充不满，并且速度过低产品表面有波纹、透明度差等缺陷。

24 mm，速度45%，产品较薄处快速充模，尽快充满模腔。

13 mm，速度30%，充模末端降低速度利于排气，然后切换到保压。

第一段保压压力9.5MPa，速度25%，时间8s，第二段保压压力6.5MPa，速度20%，时间3s。使产品有足够补缩时间，防止主流道塞水口。

6　工艺分析

充模速度采取慢 —→ 快 —→ 慢方式，主要为解决以下几个问题。

1）进料处胶位很厚，有35mm，进料处速度如果快，容易产生湍流或熔体破碎，产品上会出现明显流痕（图4-3-4），并且太快空气也不容易排出，对最终产品气泡的解决不利。但速度太低则会使产品充模变得困难。因PC材料黏度高，太慢的速度使最末端充模变得极其困难，并且在进料处易产生波纹。所以该处速度既要保证没有波纹产生又要保证没有流痕产生，并且在此基础上尽可能速度高。在模具温度确定的状况下，试验结果速度18%比较合适。

2）第二段仍然是最厚部位的充模，因为绕过了进料点的"瓶颈"处，充模速度稍微升高。不过此处胶位厚，为避免困气，减少收缩凹陷，速度提高依然不能太急，并且太高速度易在该部位产生飞边。

试验提高到 27% 比较合适，两方面平衡。

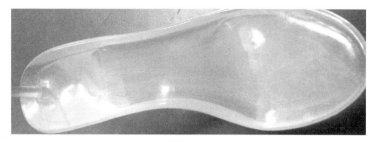

图4-3-4

3）为了让充模顺利进行，快速射出胶位较薄的位置，因而该段采用快速射胶。

4）为方便排气，射出终点位置速度放慢。这样做也方便把射胶量控制得更准确。

5）因胶位厚，产品进料点截面积大，保压时间要求长，保压压力大，所以保压一段压力9.5MPa，时间 8s。速度在该处不起决定作用，仅保证保压压力传递。

6）降低二段保压压力，防止射出主流道的熔融料因保压塞住流道，出模时拉断浇口。时间以保证胶料回流后不影响进料口处收缩为限，设定 3s 足够。

处理后成品如图 4-3-5 所示。

图4-3-5

7 总结

通过对成型过程中产品各部位充模时速度的调校，可以将产品充模时的飞边、气泡、收缩凹陷及流痕分别克服。在这里特别要注意以下几点。

1）模具温度要稳定。

模具温度的改变将导致材料充填的实际速度改变，如果模温低到一定程度，不考虑产品缺陷也无法将模具充满。模具温度不稳定，就相当于射出速度一直在改变，想制造出没有缺陷的产品难度会变得很高。

2）进料口要保证产品保压完全时不至于封口。

如果进料口不够大，产品还在收缩浇口就已经封住了的话，产品收缩凹陷无法调整。

3）材料烘干要完全。

材料干燥不充分，很容易出现银丝及进料口流纹，调整很困难。许多时候因材料干燥不充分浇口处出现不规则流痕，根本无法调整。所以干燥问题要足够重视。

四、微型产品注塑成型案例

微型产品如图 4-4-1 所示。

图4-4-1

1 产品要求

重量 0.2g,直径(2 ± 0.002)mm,要求表面光洁光滑,无毛边、无混色、无塌陷,尺寸精密度达到 1%。

2 设备特征

注塑机:迪嘉微型柱塞式注塑机。

锁模力:6t。

最大射胶量:8g。

3 材料

ABS PA757 台湾奇美。

4 试制工艺

见表 4-4-1。

表4-4-1 成型工艺参数记录表

日期:_____年_____月_____日　　　　　　记录人员_____　　　　部门_____

机台资料			
机器型号	螺杆直径/专用备注	机台编号	使用年限
DJ-6T	Φ45mm/柱塞式专用螺杆		1

产品资料				
产品名称	模具编号	材料	出模数	浇口形式
滑珠	3-1725721	ABS PA757	1×2	大浇口

成型工艺参数

温度/℃	射嘴一段	料温二段	料温三段	料温四段	料温五段		料温六段		料温七段	
	210	220	200							
	干燥温度,时间	前模温度	后模温度	热流道温度	1	2	3	4	5	6
	80，2h	水塔水	水塔水							

射胶		射一	射二	射三	射四	保一	保二	保三
	压力/MPa	60				30		
	速度/(m/s)	33				20		
	时间/s					0.5		
	位置/mm	2.2						

熔胶	终止位置/mm	抽胶行程/mm	背压	转速/(r/min)	设定压力	设定速度
	15.0		5bar			

锁模	锁模高压	55%		开模距离	

时间/s	周期	冷却	熔胶	射胶	保压	低压	高压
	4.2	2.0					

前模 ↓　　　后模 ↓　　　备注：

5　成型缺陷描述

该产品试制时发现两个方面缺陷,一是射出产品混色,二是产品尺寸调到要求范围内出现飞边（图4-4-2）。

混色

飞边

图4-4-2

6　解决方案

1）将材料配色进行预先造粒处理。因为柱塞式注塑机的塑化系统主要靠机筒表面加热器加热,材料混合无法均匀一致,因此需要造粒处理。

2）用热水机控制模具温度。模具温度提高，充模更加容易，表面光洁度更高。该产品需要有一定速度充模才能保证产品外观光滑，而速度太高对尺寸调整及飞边的产生形成不利影响，故通过升高模具温度来达到双方面平衡。

7 最终成型工艺

见表4-4-2。

表4-4-2 成型工艺参数记录表

日期：_____年_____月_____日   记录人员_____   部门_____

机台资料

机器型号	螺杆直径/专用备注	机台编号	使用年限
DJ-6T	Φ45mm/柱塞式专用螺杆		1

产品资料

产品名称	模具编号	材料	出模数	浇口形式
滑珠	3-1725721	ABS PA757	1×2	大浇口

成型工艺参数

温度/℃	射嘴一段	料温二段	料温三段	料温四段	料温五段		料温六段		料温七段	
	210	220	200							
	干燥温度，时间	前模温度	后模温度	热流道温度	1	2	3	4	5	6
	80，2h	60	60							

射胶		射一	射二	射三	射四	保一	保二	保三
	压力/MPa	55				35		
	速度/(m/s)	26				18		
	时间/s					0.8		
	位置/mm	1.8						

熔胶	终止位置/mm	抽胶行程/mm	背压	转速/(r/min)	设定压力	设定速度	
	15.0						

锁模	锁模高压	55%		开模距离		

时间/s	周期	冷却	熔胶	射胶	保压	低压	高压
	4.2	2.5		1.5			

前模   后模   备注：

8 工艺要点分析

1）模具温度的稳定性对产品最终尺寸及产品外观质量起着决定性作用。当模具温度较高时候，射出速度可以低些也不会破坏产品外观，并且可以稳定产品尺寸。但更高会使产品周期延长，造成脱模拉伤等。

2）射出终止位置的控制是产品飞边和尺寸控制的关键。射出终止位置设置太小，产品产生飞边；位置设置太大，尺寸小于设计要求。

五、超薄产品高速注塑案例

超薄产品如图 4-5-1 所示。

图4-5-1

1 产品特征

产品为快餐饭盒，产品厚度 0.38mm，重量 9g，投影面积 90650mm^2。

2 材料

高流动 PP Z30S。

3 注塑设备

力劲 EFFORT-160 高速直压式注塑机；射胶速度 210mm/s；PP 专用螺杆。

4 注塑工艺

见表 4-5-1。

表 4-5-1　成型工艺参数记录表

日期：_____年_____月_____日　　　　　记录人员_____　　　部门_____

机台资料			
机器型号	螺杆直径/专用备注	机台编号	使用年限
EFFORT-160	Φ40mm/PP 专用螺杆		

产品资料

产品名称	模具编号	材料	出模数	浇口形式
快餐饭盒		PP Z30S	1×1	针点中心进料

成型工艺参数

温度/℃	射嘴一段	料温二段	料温三段	料温四段	料温五段		料温六段		料温七段	
	250	255	245	240						
	干燥温度时间	前模温度	后模温度	热流道温度	1	2	3	4	5	6
	不需要干燥	20	20							

射胶		射一	射二	射三	射四	保一	保二	保三
	压力/MPa	120	165	140	120	150		
	速度/(m/s)	45	95	65	30	30		
	时间/s					0.2		
	位置/mm	65.0	25.0	18.0	15.0			

熔胶	终止位置/mm	抽胶行程/mm	背压	转速/(r/min)	设定压力	设定速度	
	75.0	2.5	5bar		70	50	

锁模	锁模高压	160		开模距离	265	

时间/s	周期	冷却	熔胶	射胶	保压	低压	高压
	6.5	4.0	2.0	1.5			

前模	后模	备注:

5　缺陷描述

缺胶缺陷如图 4-5-2 所示。

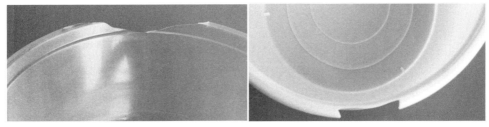

图4-5-2

1）该产品厚度仅为 0.38mm，多级射胶起不到应有的作用，保压也没有作用。

2）将射胶速度压力全部用尽，产品也缺胶，最好效果就是图 4-5-2 所示带缺陷的缺胶产品。换更大的注塑机缺陷效果一样，更大的压力只能使射胶进胶位置起皱纹及进胶位置厚度变厚（厚度超过0.6mm），即制造更多的缺陷。

3）模具温度对射出基本完全没有影响，升高模温只能使脱模变得更加困难，并且产品如此薄，只能降低模具温度以提高产量，才能产生效益。

6 解决方案

1）在 Z30S 材料内添加 2% 加工润滑剂，提高熔体指数，以便于材料更好地流动。

2）用全速射胶，位置控制射胶量，取消保压。

3）提高熔体温度，以降低材料黏度，利于充模。

成型工艺参数见表 4-5-2。

表 4-5-2　成型工艺参数记录表

日期：＿＿＿＿年＿＿＿月＿＿＿日　　　　　记录人员＿＿＿＿＿＿　　　部门＿＿＿＿＿＿

机台资料

机器型号	螺杆直径/专用备注	机台编号	使用年限
EFFORT-160	Φ40mm/PP专用螺杆		

产品资料

产品名称	模具编号	材料	出模数	浇口形式
快餐饭盒		PP Z30S	1×1	针点中心进料

成型工艺参数

温度/℃	射嘴一段	料温二段	料温三段	料温四段	料温五段		料温六段		料温七段	
	285	295	280	270						
	干燥温度时间	前模温度	后模温度	热流道温度	1	2	3	4	5	6
	不需要干燥	20	20							

射胶		射一	射二	射三	射四	保一	保二	保三
	压力/MPa	175						
	速度/(m/s)	99						
	时间/s							
	位置/mm	15.0						

熔胶	终止位置/mm	抽胶行程/mm	背压	转速/(r/min)	设定压力	设定速度	
	75.0	2.5	5bar		70	50	

锁模	锁模高压	160		开模距离	265		

时间/s	周期	冷却	熔胶	射胶	保压	低压	高压
	6.5	4.0	2.0	1.5			

成型工艺参数 (续表)

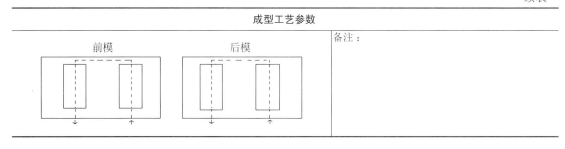

前模	后模	备注：

7　成型要点

1）该产品成功与失败的最关键因素是模具质量的好坏，模具上两边厚度误差 0.005mm，就可能造成注塑时产品一边飞边而另一边填充不足现象（图 4-5-3）。

2）添加剂的作用是提高材料熔体指数，当 PP 材料熔体指数大于 35 的时候，就不需要添加剂了，资料介绍国外已有材料供应商将 PP 材料熔体指数做到 100，可以生产 0.2mm 左右厚度产品。

3）在高射速情况下，射出位置控制的精密度决定了产品的成败，在速度较高的情况下，注塑位置控制很多时候都需要伺服控制系统才能精密控制射胶位置，否则因惯性的作用螺杆将一射到底，产品因而会产生飞边现象（图 4-5-4）。

图4-5-3

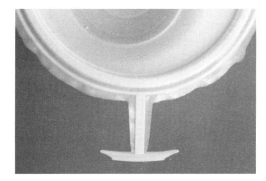

图4-5-4

8　总结

超薄成型（图 4-5-5）在应用方面越来越具有使用价值，对节约能源和材料有十分重要的意义，在某些特殊场合，如导光板行业，超薄注塑对实现产品特殊功能起着决定性的作用。随注塑机及注塑成型模具技术的进步，这方面的生产技术将越来越得到广泛的应用。

图4-5-5

六、注吹PET吹瓶不成型案例

如图 4-6-1 所示。

(a) PET瓶坯   (b) PET吹瓶

(c) 缺陷一   (d) 缺陷二

图4-6-1

1.缺陷一

缺陷：瓶底爆破。

1）原因分析

① 延时吹气时间太短。

② 延时开模时间太短。

③ 温度太高。

④ 排气阀不工作。

⑤ 原料主料有不明杂质。

2）处理方法

① 加长延时吹气时间或增加拉伸杆下降速度。

② 加长延时开模时间。

③ 降温。

④ 用汽油清洗排气阀。

⑤ 对原材料进行排查筛选。

2.缺陷二

缺陷：瓶子底部有"火山口"状凸起，瓶身在垂直方向未吹满。

1）原因分析

① 瓶身温度太高。

② 瓶坯底部有冷块或太冷。

③ 风压风量不足。

④ 吹瓶模排气不良。

⑤ 吹瓶模温太高。

⑥ 瓶坯壁太薄。

⑦ 瓶子纵向拉伸比不足。

⑧ 坯管在加热炉中不自转。

2）处理方法

① 提早吹气时间，调整瓶坯温度，使各处的温度均匀。

② 不触摸加热后的坯身，查清冷硬块是否碰触过。

③ 加大储气气压气量。

④ 增加排气。

⑤ 在吹瓶模加开冷却水。

⑥ 修正模具。

⑦ 加大拉伸比（纵向）。

⑧ 检查自转装置。

七、ABS免喷涂有流纹和料花案例

1.缺陷一

缺陷：ABS 免喷涂有流纹（图 4-7-1）。

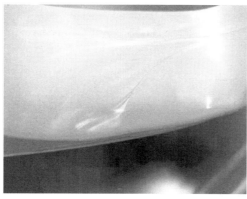

图4-7-1

1）原因分析

① 材料方面：流动性不良，原料吸潮。

② 注塑方面：射出压力和速度过低，料温低或模温低，保压时间太短，浇口附近温度太低。

③ 模具方面：浇口太小，制品厚度有急剧变化，排气不良，模具冷却系统不当。

2）处理方法

① 给原材料添加适量增塑剂。

② 对原材料进行干燥处理。

③ 增加射胶压力和速度参数设定值。

④ 提高机筒温度或模具温度。

⑤ 增加保压时间。

⑥ 提高射嘴温度。

⑦ 修改浇口尺寸。

⑧ 制品设计时截面厚薄一致，或去掉制品上的凸盘和凸起的线条。

⑨ 增设排气槽。

⑩ 调节冷却系统。

2.缺陷二

缺陷：ABS 免喷涂有料花（图 4-7-2）。

图4-7-2

1）原因分析

① 由于 ABS 原料的吸水率相对较大，对湿度很敏感。

② 注塑时的背压太低或者不够时，熔融料中的空气无法完全挤出。

③ ABS 的注塑温度过高或在机筒停留的时间太长，会导致其出现分解，产生气体，导致料花的出现；或者注射速度过快，熔融料扩张进入模腔，熔体破裂所致。

④ 浇口设计不当或排气不良。

⑤ 原料质量差，料不够纯，含有其他杂质。

2）处理方法

① 将 ABS 原料彻底烘干。

② 适当提高背压。由于背压小，螺杆转得太快，这样就会有太多空气在机筒里，使熔融料密度太低，而产生料花。

③ 适当调整注塑温度和注射速度，提高喷嘴温度。

④ 增加浇口尺寸或修改浇口形状，增加排气槽。

⑤ 更换 ABS 原料，减少使用再生料。

八、弹性体材料（TPE、TPR）注塑成型案例

1）对于以较硬的 SEBS 为基础的 TPE 和以 SBS 为基础的 TPR，在加工和注塑过程中，温度设定的准确性是影响产品外观和性能的关键。以下是对 TPE、TPR 注塑时的温度设置的建议。

① 进料区的温度应设置相对低些，以避免进料口堵塞，并使夹带的空气逸出。为了改变混合状态，过渡区温度应设置在母料的熔点以上，以便在使用母料时改变混合状态。喷嘴附近的温度应设置为接近所需的熔化温度。

经过测试，可知 TPE、TPR 产品在每个区域的温度设定应在 160 ~ 210℃；而喷嘴的温度应设置在 180 ~ 230℃。

② TPE 材料模具温度应随着注射区冷凝温度的升高而升高，可避免模具受到水污染，使产品表面出现条纹。模具温度越高，周期越长，但是可以改善焊缝和产品的外观。因此模具的温度应设置为在 30 ~ 40℃。

2）产品在填充模腔的过程中，如果产品的填充性能不好，会出现过多的减压、过长的填充时间、不合格的填充等问题，使产品出现质量问题。为了能在模塑时提高制品填充性能的同时，又可以改善模塑制品的质量，通常可以从以下方面考虑。

① 改变浇口位置。

② 改变注射压力。

③ 改变零件的几何形状。

3）如何防止制品下沉或调节制品的收缩？

保压压力和温度是影响产品尺寸公差最重要的变量。例如，充填模完成后，立即降低保压压力，当表层形成一定厚度时，再增加保压力，便可消除塌陷坑和闪光，形成厚壁厚制品。

其中，保压压力和保压速度通常为塑料充填腔的最大压力和最大保压速度的 50% ~ 65%，即保压压力比注入压力低 0.6 ~ 0.8MPa 左右。由于保压压力低于喷射压力，油泵负荷低，延长了固定油泵的使用寿命，也降低了油泵电机的功耗。

另外，要预先调整好一定量的测量值，使靠近注射行程末端的螺钉端部仍有少量熔化（缓冲）。根据模具内的填充情况，进一步施加注射压力（二次或三次注射压力）以补充少量的熔体。这样，可以防止制品下沉或调节制品的收缩。

4）如何设定制品的冷却时间？

冷却时间主要取决于熔体温度、产品壁厚和冷却效率。此外，材料的硬度也是一个因素。较硬的品种在模具中凝固的速度比较软的品种快。

如果冷却是从两边进行的，壁厚所需的冷却时间通常为每 0.100cm10 ~ 15s。

涂有胶水的产品需要更长的冷却时间，因为它们可以被较小的表面积有效地冷却，其壁厚所需的冷却时间约为每 0.100cm15 ~ 25s。

5）TPE、TPR 产品其他缺陷的原因

① 塑料成型不完整

进料调节不当，缺料或多料。

喷射压力过低，喷射时间短，柱塞或螺杆过早返回。

注射速度慢。

料温过低。

② 溢料（飞边）

喷射压力过高或喷射速度过快。

加料量太大，造成飞边。

筒体、喷嘴或模具温度过高，会降低塑料的黏度，增加其流动性，进入模具时会产生飞边。

③ 流纹、气泡和气孔

材料温度过高，导致分解。

注射压力低，保温时间短，使熔体不接近型腔表面。

注射速度过快，导致熔融塑料被剪切作用分解，产生分解气体；注射速度过慢，无法及时填充空腔，导致制品表面密度不足而产生裂纹。

材料不足、缓冲垫过大、材料温度过低或模具温度过低都会影响熔体的流动和成型压力，产生气泡。

螺杆预成型时，背压过低，转速过高，使螺杆回程过快，且容易将空气推到气缸前端。

④ 烧焦、暗纹

筒体和喷嘴温度过高。

注射压力或预塑性背压过高。

注射时间过快或过长。

6）TPE、TPR 产品注塑前如何清洗气缸？

在新购注塑机首次使用前，在生产中需要更换产品、原材料，或塑料变色或分解时，必须清洗或拆卸注塑机气缸。

清洁材料一般采用塑料原料（或塑料回收材料）。对于热塑性弹性体材料（TPE、TPR），可以使用新的加工材料代替过渡清洁材料。